JN258476

監修 吉川 真
構成・文 三品隆司

岩崎書店

月の科学

月面の世界

月と文化

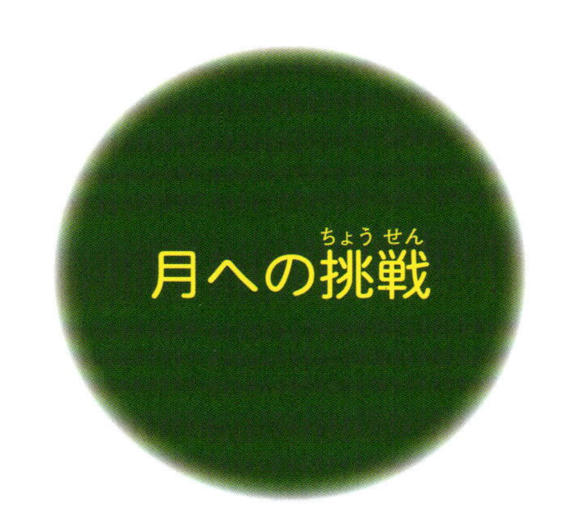

月への挑戦

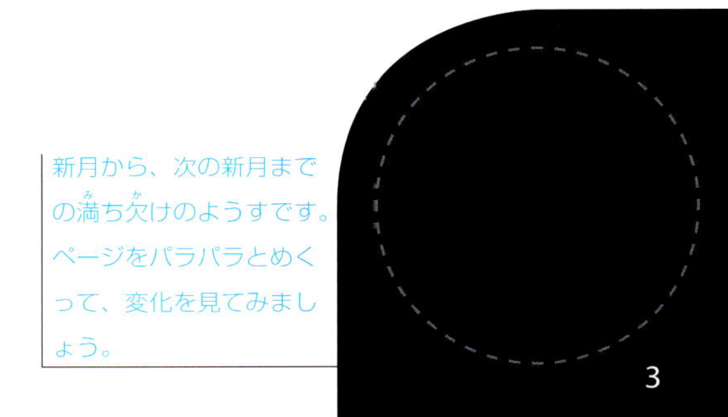

新月から、次の新月までの満ち欠けのようすです。ページをパラパラとめくって、変化を見てみましょう。

月と地球をくらべる

**地球のただ一つの衛星である月は、わたしたちにとってたいへん身近な存在です。
月はどんな天体なのか。
ここでは、地球とくらべながら月のさまざまなデータを紹介します。**

地球の衛星──月

衛星とは、地球のような惑星や、準惑星、小惑星などの周りをまわる天体です。
月は衛星としては比較的大型で、数ある太陽系の衛星の中で５番目の大きさがあります。
地球も月もおもに岩石からできていて、
岩石の性質もよくにています。

地球と月の大きさ

地球の直径は約１万2756km、
月の直径は、地球の４分の１ほどの約3475kmです。
体積でくらべると地球の約50分の１です。

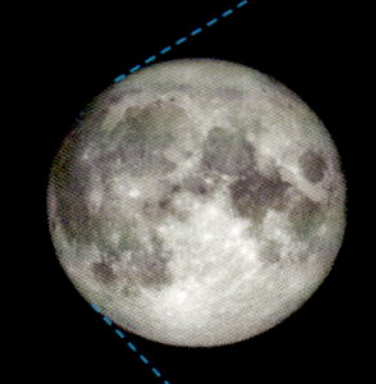

満月の月
地球からは丸いお皿のように見えますが、実際には球状の天体です。

地球のデータ

直径（極方向）	約１万2714km
（赤道方向）	約１万2756km
質量	約5972×10億×10億トン
体積	約１兆832億立方km
太陽からの平均距離	約１億4960万km
公転周期	１年（約365.26日）
自転周期	１日（約23時間56分）
自転軸の傾き	約23.4°
重力	地球の重力を１とする
衛星数	1

月のデータ

直径（極方向）	約3471km
（赤道方向）	約3475km
質量	約74×10億×10億トン
体積	約220億立方km
地球からの平均距離	約38万4400km
公転周期	約27日と８時間
自転周期	約27日と８時間
自転軸の傾き	約6.67°
重力	地球の約６分の１
満ち欠けの周期	約29日と12時間44分

地球と月の重さ（質量）の比較

体積が地球の約50分の１なのにくらべ、
月の重さ（質量）は80分の１くらいしかありません。
これは１立方cmあたりの平均密度が
地球の約5.5gに対して、
月では約3.3gしかないためです。

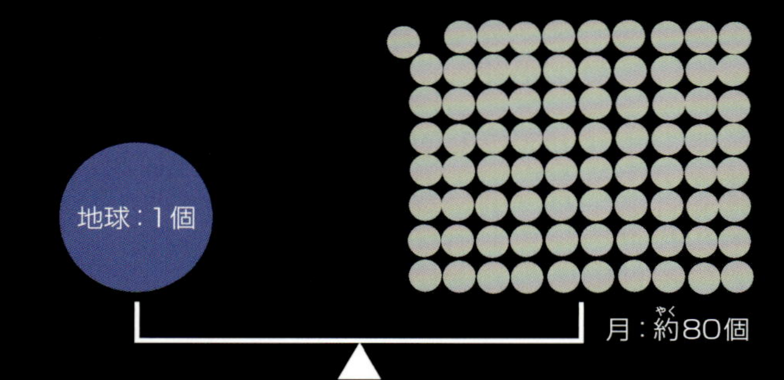

質量とは、物（物質）がもともともっている絶対的な量のことで、どんな条件の場所に行っても変わることはありません。
これに対し、物の重さ（重量）は、引力（地上では地球からの力）という物どうしが引き合う力の大きさによって変わります。（32ページも参照）

地球

平均約38万4400km（地球の直径の約30個分）

月

月と地球の距離

地球と月との平均距離は、約38万4400kmです。地球の直径の約30個分はなれた軌道をまわっていることになります。

月を観察する①

月を観察していると、およそ１か月ごとに明るい部分の形が変化をくりかえしているのがわかります。月はなぜこのような満ち欠けをおこすのでしょう。

月の位置と見え方

下の図は、まん中が北極方向から見た地球と月の位置、外側はそれぞれの位置のときに地球から見える月のすがたです。太陽の光は右からさしています。

（図版資料：NASA）

月が太陽と同じ方向にあるときを新月、180° 反対方向にある月を満月といいます。新月は太陽といっしょの方向にあるので、まぶしくて見えません。新月と満月の中間の月を上弦、満月と新月の中間の月を下弦といいます。

月が満ち欠けする理由

地球の周りをまわっている月は、地球とともに太陽の周りをまわっていて、いつも半分だけが太陽の光を受けてかがやいています。この月を地球からながめると、月が軌道のどこにいるかによって、かがやく場所と割合が変化します。これが満ち欠けして見える理由で、形の変化はおよそ１か月（約29.5日）の周期でくりかえしています。

月の満ち欠けの周期──朔望月

月の形が、新月からつぎの新月になるまでのおよそ１か月の周期を１朔望月（約29.5日）といいます。朔は新月、望は満月のことです。新月から数えた日数を月齢といい、新月を０として、月齢29.5日でふたたび新月になります。満月は１朔望月の中間ぐらいで、月がだ円軌道（11ページ参照）であることも影響して、前後１日くらい動きます。

月齢と月の形

新月から三日月、上弦、満月、下弦と変化して、ふたたび新月になります。旧暦（昔の月の満ち欠けを基準にした太陰太陽暦→69ページ参照）では新月を月齢１として数え、当時の３日目くらいの細い月を三日月とよびました。現在の月齢２前後の月にあたります。

月齢と月の見かけの明るさ

明るい都会の夜ではぴんときませんが、街灯のない田舎道を歩くときの月明かりは、とてもありがたいものです。右のグラフは、満月の明るさを100%として月齢による明るさのちがいをくらべてあります。上弦、下弦は満月の半分と思いきや10%くらいしかありません。これは、月面の反射の性質によるものです。

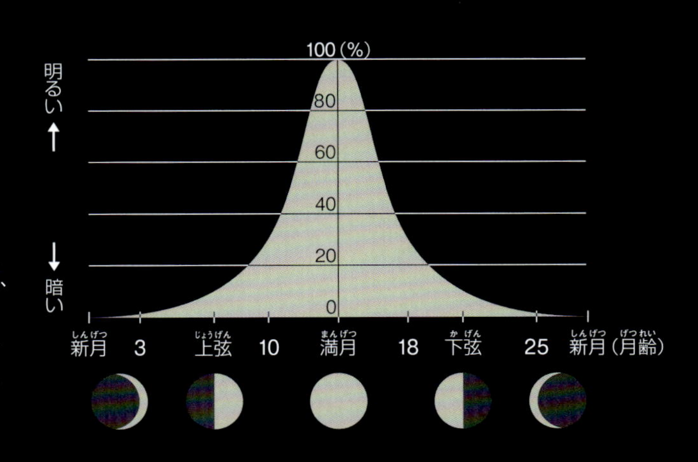

月の満ち欠けを表す名前

月は月齢によって、いろいろな名前でよばれてきました。下は、すべて昔の暦（旧暦）のよび方で、現在に１日ほど足した月齢になります。

新月・朔	旧暦の最初の月のない夜
三日月	旧暦３日目くらいの月
上弦の月	旧暦８日ごろの半月
十日夜の月	旧暦10日ごろの月
十三夜の月	旧暦13日ごろの月
小望月	満月の前日の月
望月・満月・望	15日ごろの月
十六夜の月	満月のよく日の月
立ち待ち月	旧暦17日ごろの月。夕方、立ってまつ間に出るという意味
居待ち月	旧暦18日ごろの月。すわってまつ間に出るという意味
寝待ち月	旧暦19日ごろの月。「ふしまち月」ともいう
更待ち月	旧暦20日ごろの月。夜もふけたころに出るという意味
下弦の月	旧暦23日ごろの半月
二十六夜の月	旧暦26日ごろの月

◆なぜ上弦、下弦というの？

半月の直線部分は弓の弦のように見えます。そこで、西の空にしずむとき、弦が上になる月を上弦、下になる月を下弦とよぶようになったという説があります。ほかに、暦のうえで上旬の半月（弦月）を上弦、下旬の半月を下弦としたという説もあります。

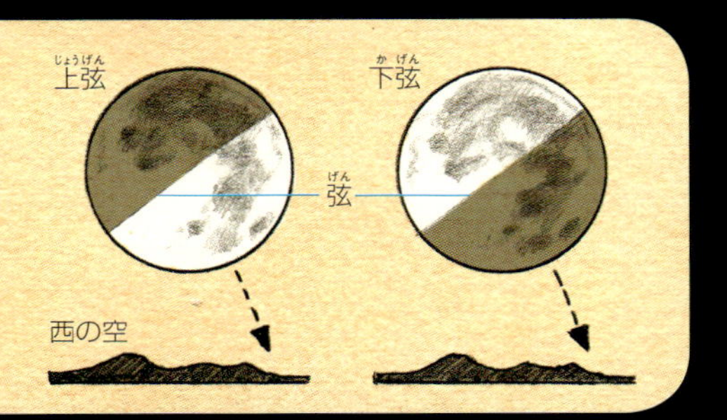

月を観察する 2

月のうごきと満ち欠け

月は、空（天球）を東から西へ動きます。これは地球が自転しているための見かけ上の動きで「日周運動」といい、その道すじは太陽とよくにています。月が空にのぼる時刻は、毎日約50分ずつおそくなり、形も変化していき、約29.5日（朔望月）でもとにもどります。月は満ち欠けの変化をしながら天球上で太陽に近づいたりはなれたりします。いちばん近づくのは新月、はなれるのは満月です。

月の見える方向と時間帯

［三日月］

空の上では、太陽に近い東側にあります。そのため、見えはじめるのは日がしずんですぐの西の空です。

［上弦の月］

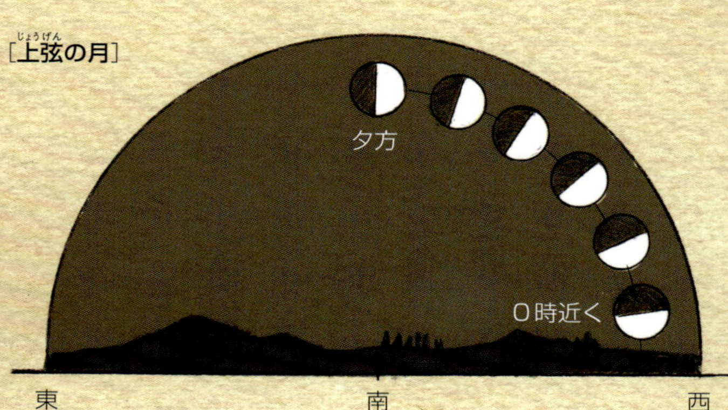

昼の東の空にのぼりますが、空が明るいのであまり気づかれません。日の入りのころ、南の高い空によく見えはじめ、夜中にしずみます。

［満月］

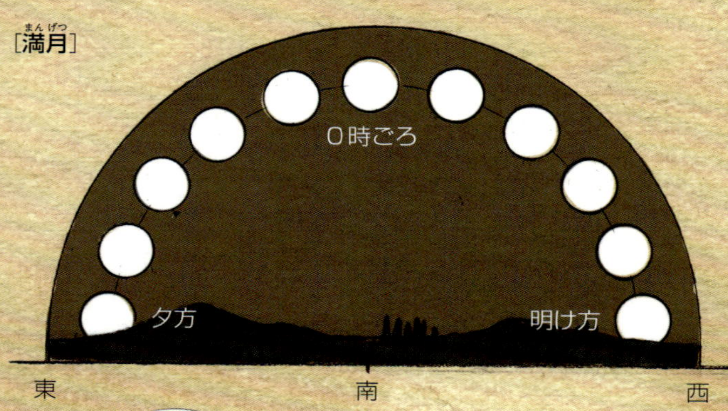

太陽から180°はなれているため、日の入りと同時に東の空からのぼり明け方まで見えます。とくに明るい月明かりです（7ページ参照）。

［下弦の月］

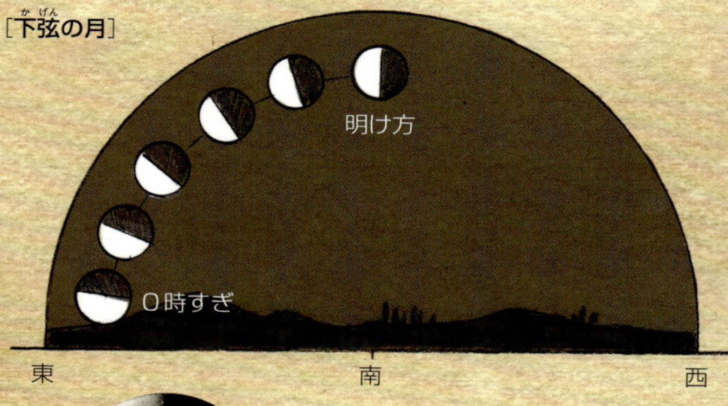

真夜中に東からのぼり、明け方に南の高い空に見えます。西にしずむのは昼ごろです。

◆月の出と月の入りはどの瞬間？

日の出は太陽の上のはしが地平線にかかったとき、日の入りは上のはしが地平線にしずむ瞬間です。月はつねに円形ではなく満ち欠けで形が変わるので、月の出も入りも中心が地平線を通過するときと決められています。

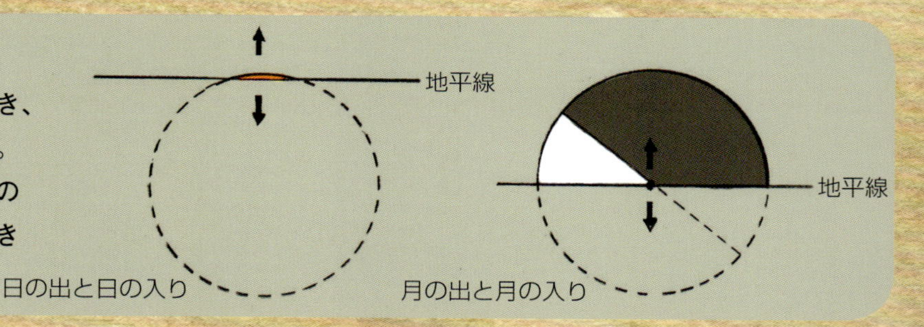

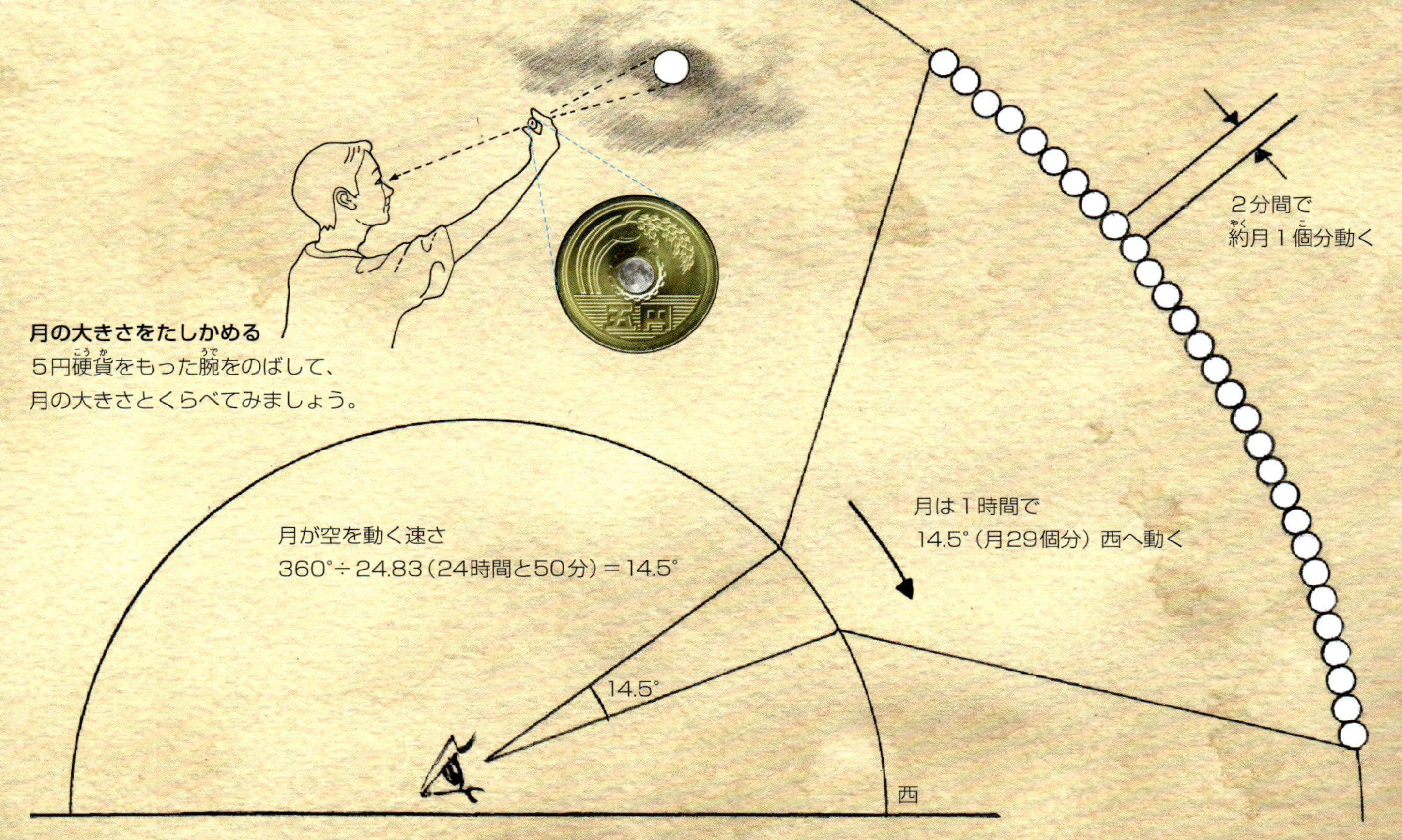

月の大きさをたしかめる
5円硬貨をもった腕をのばして、
月の大きさとくらべてみましょう。

月の見かけの大きさと動き

空にかかる月の大きさは、空1周分360°の内の約0.5°にすぎません。これは、5円硬貨を手にもって腕をのばして見たときの穴の大きさと同じくらいです。月は地球の自転によって東から西へ動きます。一方、月が地球を公転していることと関係して、月は周りの星に対して東の方へ毎日約12°ずつずれていきます。その結果、月の出は月が12°動くのにかかる約50分ずつおそくなります。
360°÷29.5（月の満ち欠けの周期）＝約12°つまり、月は満ち欠けしながら東へ移動し29.5日かけて空を1周しています。

地平線近くの月は大きい？

地平線近くの満月は空高くにあるときよりも、かなり大きく見えます。しかし、実際に大きさをはかってみると、どちらもかわりのないことがわかります。この現象は「月の錯視」といわれ、古代ギリシャのころから知られていて、いまだにいろいろな意見があります。ひとつは、地平線には建物や山や森などがあり、その向こうに見える月との距離を勘ちがいしてしまうため、大きく見えるという説です。また、人間の脳は水平方向よりも上を見上げるほどものが小さく感じられるようにできているという説もあります。どちらにしても、何度見ても大きく見えるのは不思議ですね。

地平線近くの月は、びっくりするほど大きく見えます。これは錯視（目の錯覚）が原因といわれています。

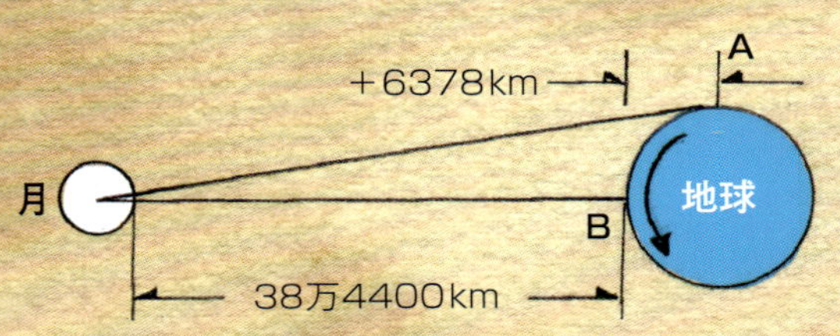

本当は地平線近くの月は小さい
上の図のA（赤道上）は地平線近くの月を見る人の位置、B（赤道上）は地球が自転して空高くに月がきたときの人の位置です。Aの方が月との距離が地球の半径分遠くなるので、実際にはわずかですが月は小さく見えます。

月齢や月の出や月の入りの時刻の情報を調べるには、インターネットの国立天文台のホームページが便利です。
（☞国立天文台「暦計算室」「月齢カレンダー」などで検索する）

月の軌道を知る ①

軌道とは、その天体が動く道すじのことです。
月は地球から見ると地球の周りの軌道上をまわっています。
それはまちがっていませんが、
地球も月をつれて太陽の周りをまわっているので、
実際の動きはたいへん複雑になります。

地球と月のツーショット
木星探査機ガリレオが、600万kmはなれたところから撮影しました。

月の軌道が、太陽側に凸型に出っぱって蛇行していますが、この図は正確ではありません。

月の軌道についてのまちがいやすいイメージ

太陽から見た地球と月の動き、つまり、地球の周りをまわる月と、太陽の周りをまわる地球の動きを組み合わせると、月は左の図のように蛇行した軌道をとるように思えます。しかし、太陽を基準にして見た場合、この図は正しいとはいえません。

月の軌道
地球と月の動く方向
地球の軌道
太陽を基準にして見た月と地球は、ほぼならんでまわります。
太陽

太陽を中心に見た時の正しい月の軌道

月は、地球と引き合う「引力」という力の影響を受けて、地球の周りをまわっています。しかし、月は太陽からも地球からのおよそ２倍の引力の影響を受けています。このため、月の軌道は地球よりも、より太陽に支配された道すじをとることになります。それは右の図のように地球と月がくり返し入れかわりながらも、ほぼならんだ円形の軌道です。このようすを地球から見た場合にだけ、あたかも月が地球をまわっているように見えるというわけです。

太陽をまわる地球の軌道もだ円であり、太陽と地球の距離もつねに同じではありません。
このように、月や地球の運動は、それぞれの天体の引力の影響を受けあってたいへん複雑になります。

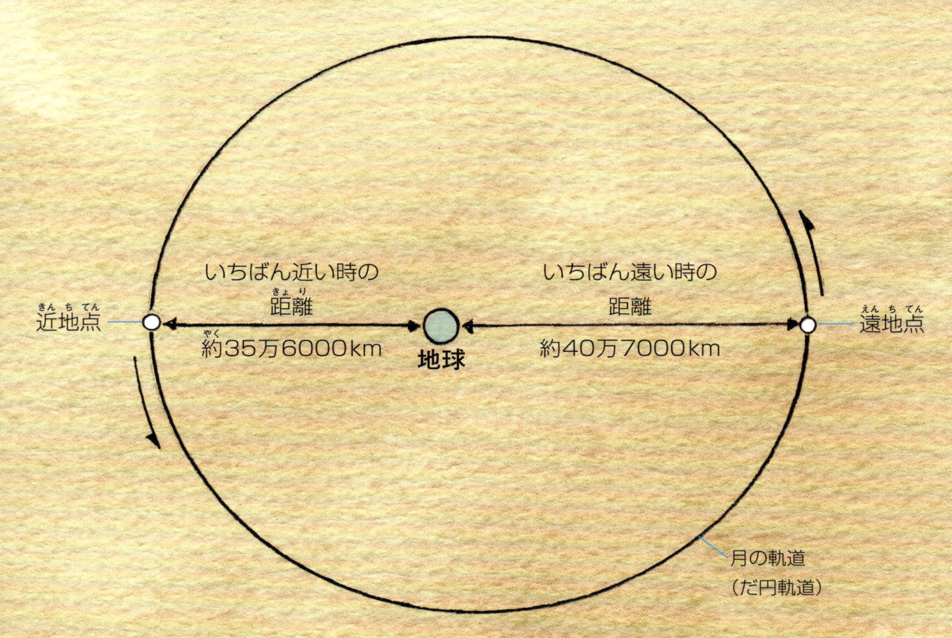

月の軌道はだ円軌道

月が地球をまわる軌道は正確な円ではなく、だ円という少しゆがんだ円形です。しかも地球の位置が中心から少しずれているので、月との距離はつねに変化しています。いちばん近づく場所を「近地点」、遠くなるのを「遠地点」といい、2点の間には地球の直径4個分くらいの差があります。また、地球に近い時は速く、遠い時は少しゆっくりというように月の公転の速度も変化します。（近地点、遠地点との距離は、毎回微妙に変化します）

変化する月の大きさ

月との距離の変化は、地球から見た月の大きさのちがいにもあらわれます。とくに近地点と遠地点では約5万km以上の距離の差があり、近地点で満月になった時の月はとくに大きく見えるので「スーパームーン」などとよばれることがあります。一方、遠地点での満月を「マイクロムーン」とよぶこともあります。

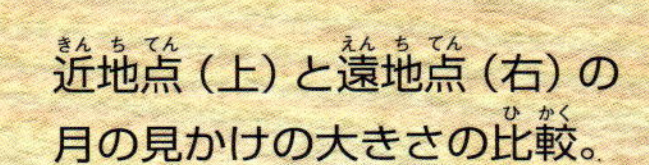
近地点（上）と遠地点（右）の月の見かけの大きさの比較。

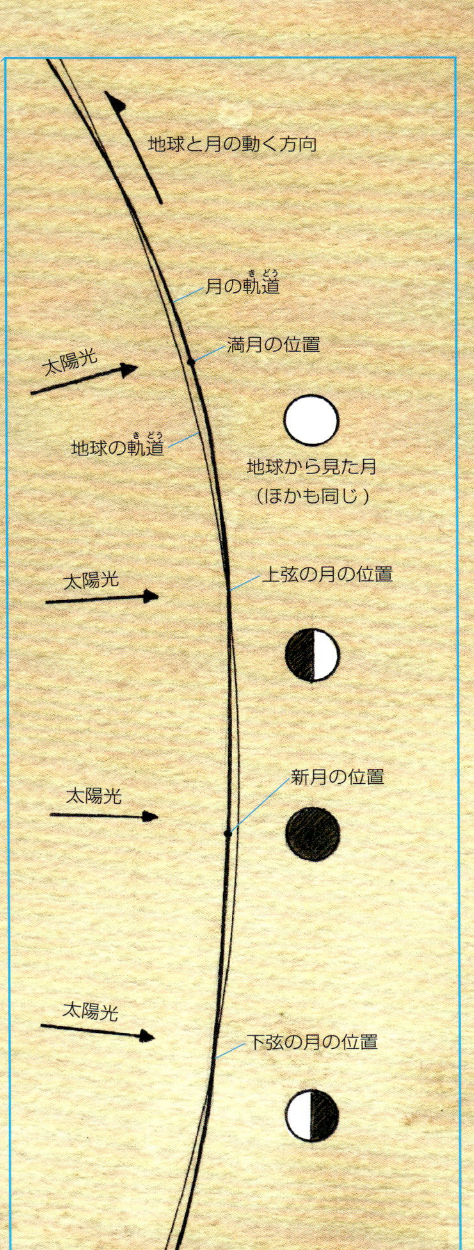

入れかわる地球と月の軌道

10ページの軌道の一部を拡大すると左のようになります。月の軌道（太い線）も地球の軌道（細い線）も、太陽の強い引力の影響を受けるので、太陽に向けてつねに凹型になり、くねくねと蛇行することはありません。2つの軌道のまじわるところでは、上弦の月や下弦の月、その中間で満月や新月になります。

月の軌道を知る②

地球から見ると月は、地球の周りをおよそ1か月かけてまわっています。ここでは地球と月のあいだの少し複雑な運動と位置関係について紹介します。

太陽の通り道「黄道」と月の通り道「白道」

地球は太陽の周りを1年かけてまわっています（公転）。そのようすを地球から見ると、太陽の見える方角は天（天球）を1年かけて1周します。その道すじを平均したものを「黄道」といいます。また、地球の公転軌道と太陽を結んでできる平面を「黄道面」といいます。月も地球の周りを約1か月かけてまわるので、見かけ上、天を一周する道すじを描きます。これを「白道」といいます。

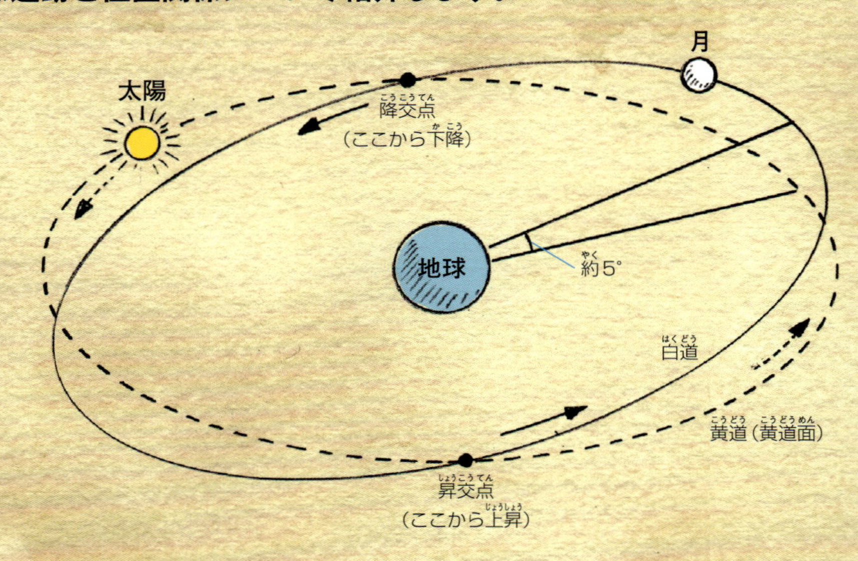

地球の公転軌道の垂直線
地球の自転軸
23.44°
赤道
月の公転軌道面（白道）
約5°
地球の公転軌道面（黄道面）
月の公転軌道の垂直線
月の自転軸
赤道
約7°

月の軌道と自転軸のかたむき

左の図は、地球と月の軌道とかたむきの関係を真横から見たところです。月の公転軌道面（白道）と地球の公転軌道面（黄道面）のかたむきは、5°ほどなので、天球上での月は、太陽の通り道（黄道）に比較的近いところをとおります。また、月の自転軸は、月の公転軌道面に垂直ではなく約7°かたむいていて、結果的に黄道面に対して、月の自転軸は垂直に近くなります。

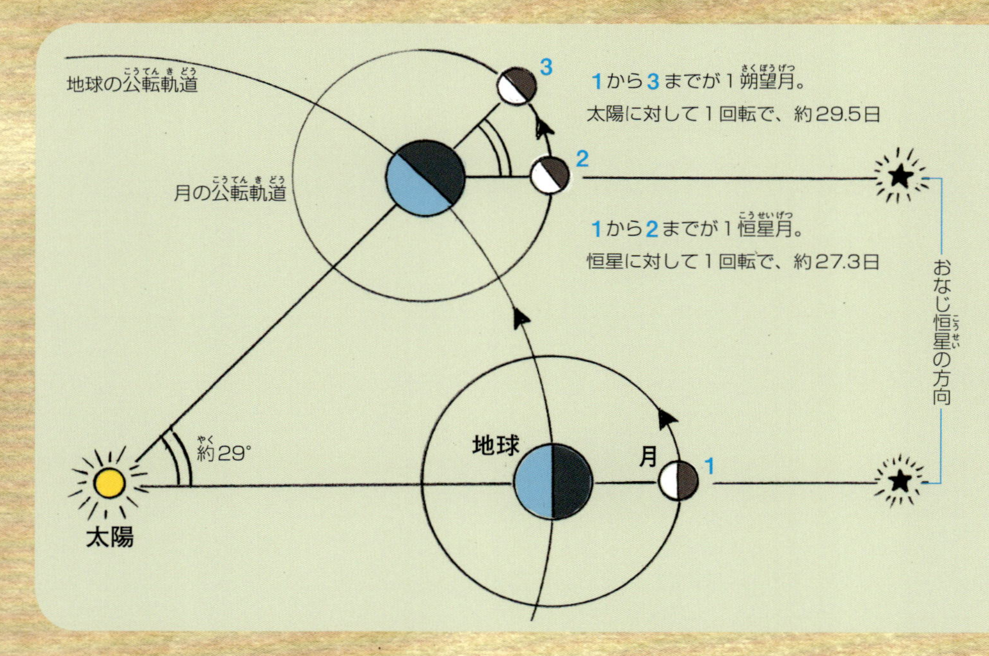

◆恒星月と朔望月

地球から見て月が天球上のある星に近づいてから、ふたたびおなじ星に近づくまでには27日と7時間43分（約27.3日）かかります。これを恒星月といいます。一方、新月からつぎの新月までの周期を朔望月といいます。朔は新月、望は満月のことで、周期は29日と12時間44分（約29.5日）です。この2日以上の差は、月が地球を1周する間に、地球も太陽の周りを約29°移動するためです。

月が2から3に動く間にも、地球はわずかに公転しますが、この図では省略してあります。

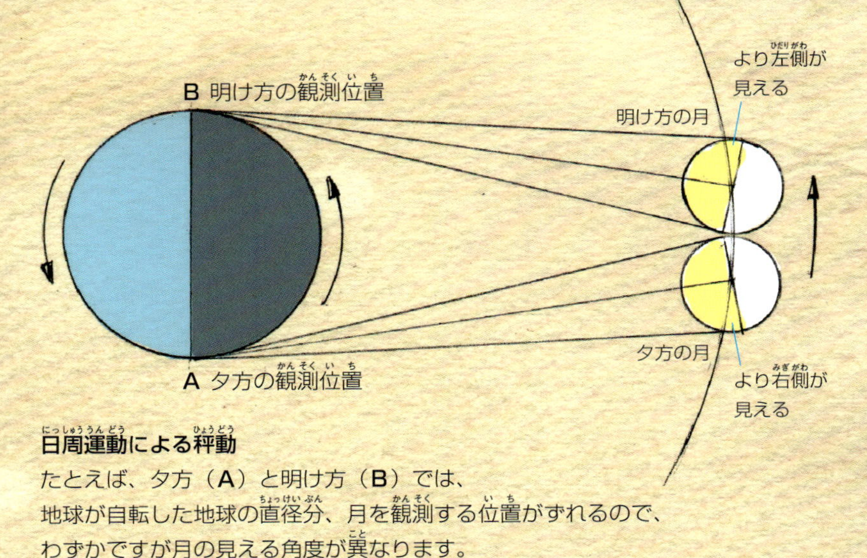

日周運動による秤動

たとえば、夕方（A）と明け方（B）では、
地球が自転した地球の直径分、月を観測する位置がずれるので、
わずかですが月の見える角度が異なります。
夕方は右側、明け方は左側がよけいに見えることになります。

緯度方向の秤動

月の自転軸は、月の公転軌道面に対して垂直ではありません。
その結果、月が地球をまわる軌道上の位置によっては
月の南極や北極の付近がよく見えたりします。

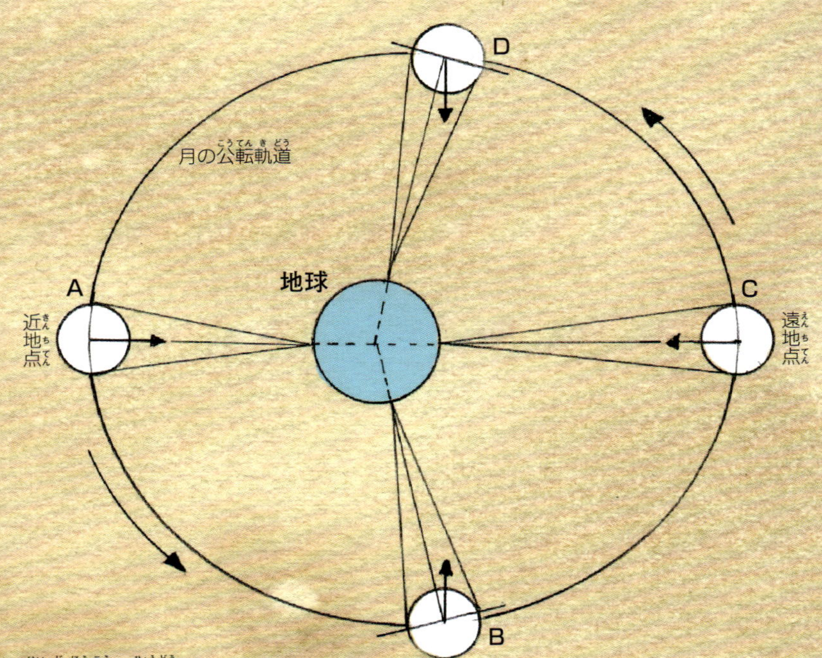

経度方向の秤動

月の公転軌道がだ円であることからおきる秤動で、
上の図のとくにBやDの位置近くでは、
左右（経度方向）の面がより多く見えます。

月の秤動がおきる理由として観測者の位置関係以外に、
月自身が太陽や地球の重力の影響で微妙にゆれ動く効果（物理的秤動）もあります。

首ふり運動をする月──秤動

月は１回の公転の間に、正確に１回自転します。その結果、つねに地球におなじ面を向けています。ただし、わずかながら上下と左右に首ふりをしていて、地球からは月の全表面の約59パーセントが見えています。この運動を「秤動」といい、おもに左のような３つの理由があげられます。

満月のときの秤動

左右（経度方向）の首ふり運動が見られる写真です。
上下の写真を見くらべてみましょう。

日食について知る

日食は、太陽（日）が月におおいかくされる（食）天体現象です。太陽が全部かくれる皆既日食では、周囲の景色は暗くなり、気温が下がり、鳥や動物たちのようすにも変化が見られるなど不思議な現象がおきます。

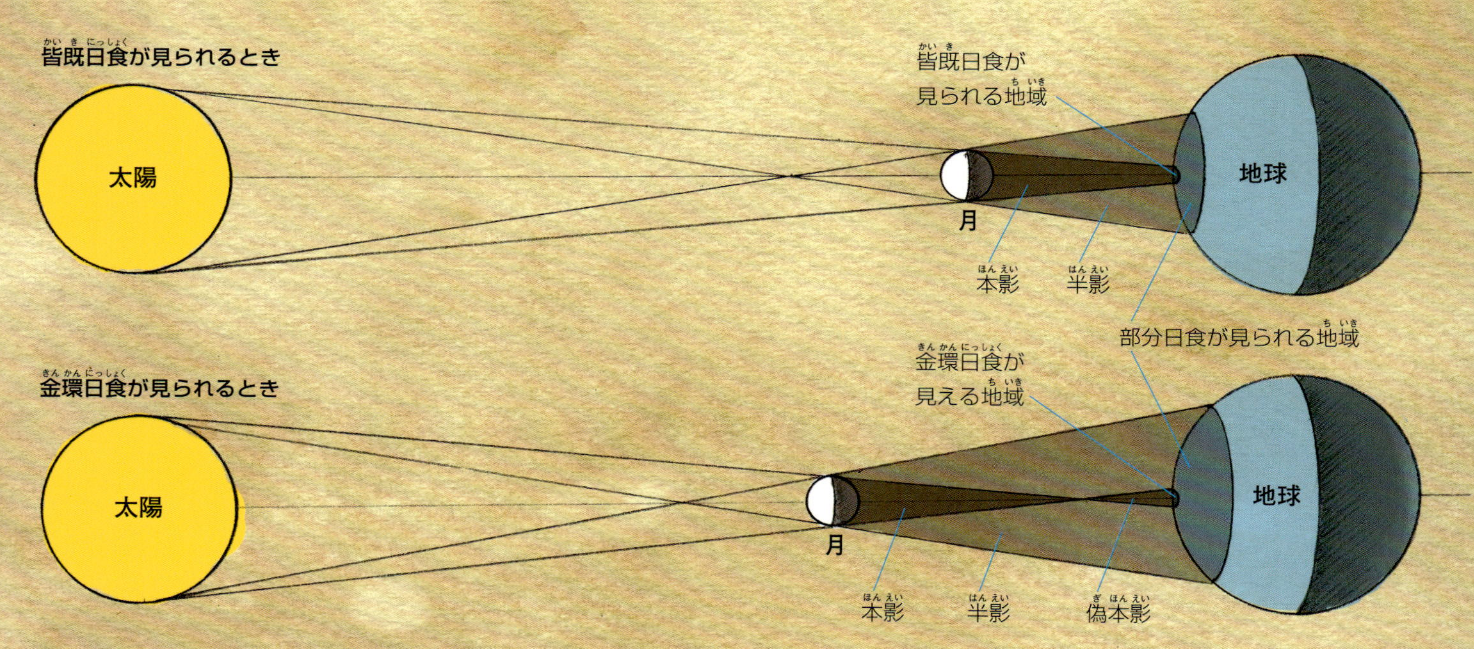

皆既日食と金環日食

新月（朔）のときに、月が黄道（太陽が空を通る道すじ）の近くを通ると、月は地球に影を落とします。このとき地球では日食がおきます。とくに太陽、月、地球が一直線上にならぶと、地球上の一部の地域で皆既日食が見られ、周りでは部分的に欠ける部分日食になります（上の図）。皆既日食がおきるのは、見かけ上の月の大きさが、やや大きいためです。しかし、月が少し遠のいて、月の大きさが太陽より小さいときには、太陽全部をかくせず金環日食になります（下の図）。

新月でいつも日食がおきないわけ

日食は新月のたびにおきるわけではなく、1年に2～5回地球のどこかでというくらいです。それは、地球が太陽のまわりをまわる軌道面に対して、月が地球をまわる軌道面がかたむいているからです。月の軌道はかたむいたままで太陽をまわり、右の図のA・Cのように太陽、月、地球がほぼ一直線になる位置にきたときにだけ日食がおきます。右の図には、月食（16ページ）がおきる条件もしめされています。日食と同じ理由で、月食も満月のたびにおきるわけではありません。

月の公転軌道面を横から見たところ（上図）と、ななめ上から見たところ（下図）

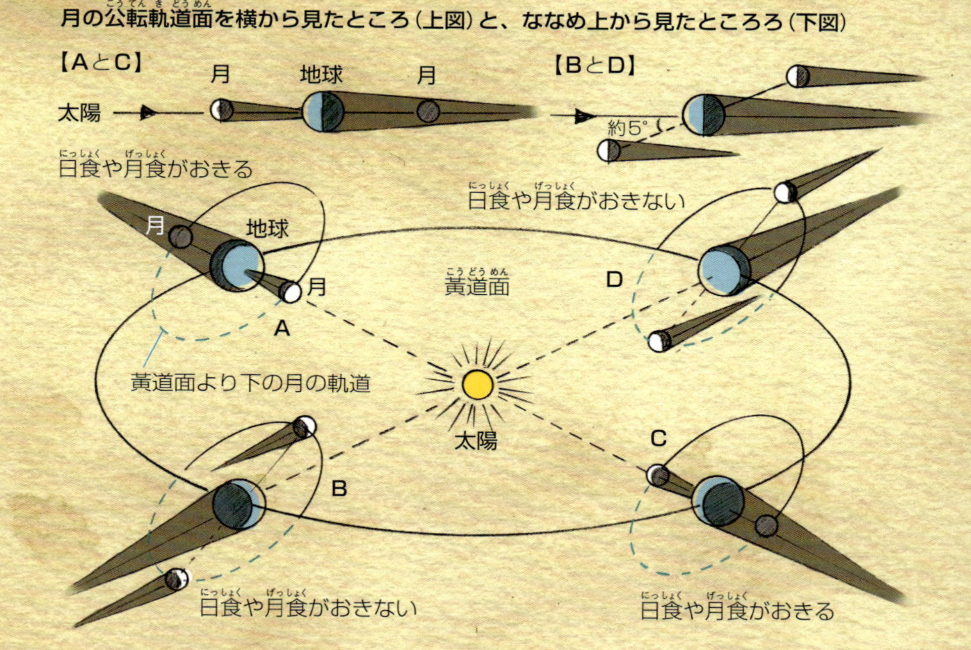

太陽と月の見かけの大きさがおなじなのは、直径が月の約400倍ある太陽が、地球と月の距離の約400倍はなれているという奇跡的偶然のためです。ただし、月の公転軌道がだ円であるため、月と地球との距離はつねに同じではなく、はなれたり近づいたりしています。

皆既日食
太陽の周囲に広がる超高温の大気であるコロナの広がりや、プロミネンスというガスの柱など、ふだんは見えない太陽表面の活動を見ることができます。

皆既日食のときの周囲のようす
皆既日食の周囲の空は月の影で暗くなります。はなれたところは薄明るく見えます。

皆既日食の連続写真
欠けはじめから終わるまでは2時間半以上かかり、皆既日食がつづく時間は、長いときで7分以上になることがあります。

ダイヤモンドリング
皆既日食のはじまる直前とおわった直後に月の周囲の凹凸から光がもれて見える現象です。

金環日食
金の環のように見える日食です。写真では雲がフィルターとしてはたらき、はっきりと見えます。

気象衛星「ひまわり」が撮影した月の影
皆既日食のときに地球に落とす月の影です。この地域で日食が見られます。
(2016年3月)

木もれ日が映す部分日食
木の葉と葉のすき間がレンズのようにはたらき、三日月のような画像を地面にたくさん映し出しました。

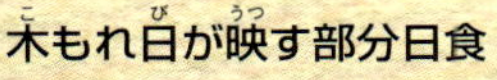

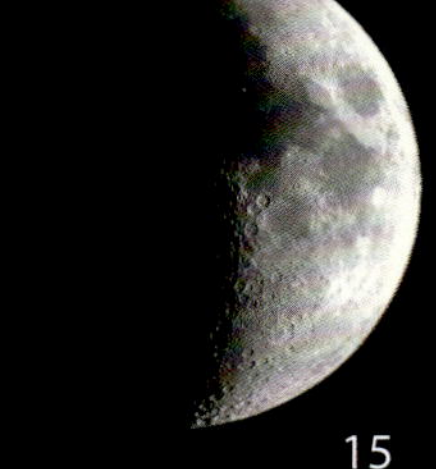

月食について知る

月が地球の影に入りこんで欠けはじめる現象が月食です。日食は見える地域がかぎられますが、月食は月が見えている地域ならば地球のどこからでも観察することができます。

月をおおう地球の影

満月のときに、太陽、地球、月が一直線上にならび、月が地球の影に入ると月食がおきます。地球の影は月から見て太陽すべてがかくされる本影と、太陽の一部がかくれる半影にわけられます。半影が月にかかってもわずかに暗くなるだけです。本影に入ると月は欠けていき、皆既月食の場合は月全体が入り、赤くほのかに光ります。

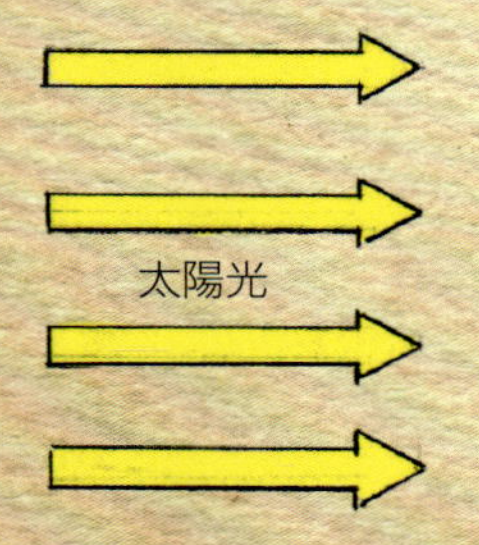

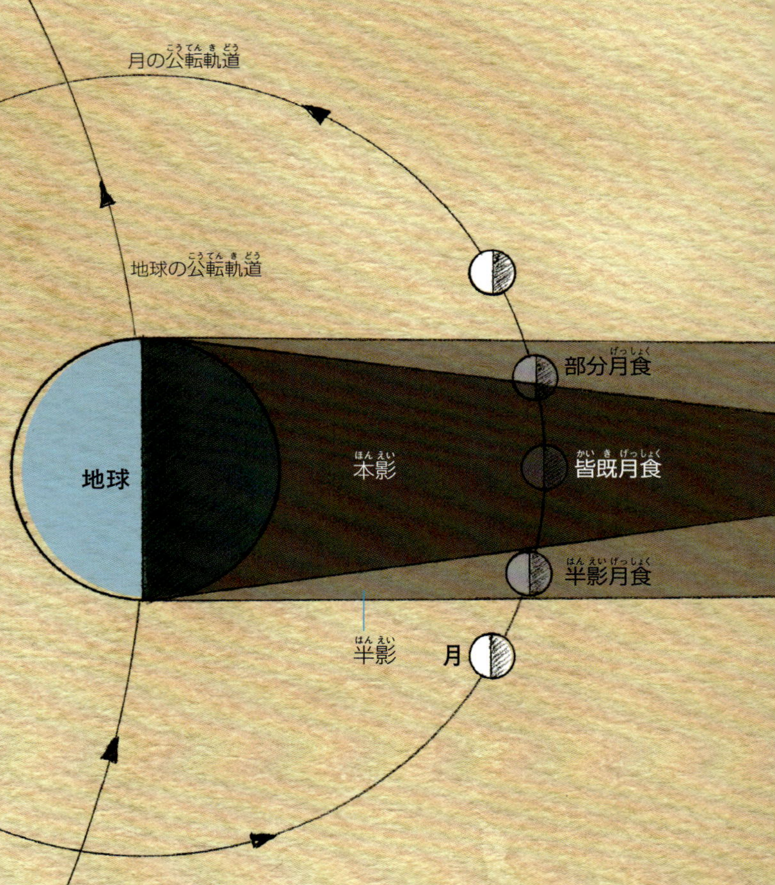

地球の影と皆既月食の関係
地球の極の方向から見たところです。
・皆既月食は月全体が本影に入った状態です。
・部分月食は月の一部だけが本影に入った状態です。
・半影月食は半影に月が入った状態です。

月食と地球の影
月食を時間をおいて撮影した写真を合成すると、上の写真のように、月が地球の影を通過していくようすが見られます。地球の影が丸く、大きいことがわかります。

◆月食を理解していたアリスタルコス

古代ギリシャの天文学者アリスタルコスは、月食が地球の影によっておきることを理解していました。彼は月食の観察から地球の大きさを月の約３倍（実際は約４倍）と見積もったり、幾何学を使って月までの距離や大きさを計算しました。

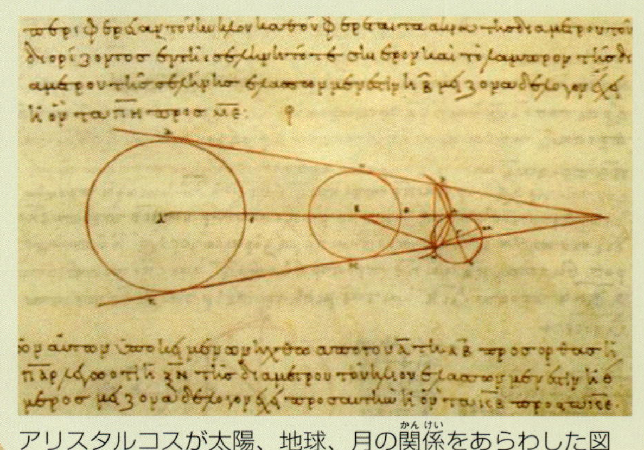

アリスタルコスが太陽、地球、月の関係をあらわした図

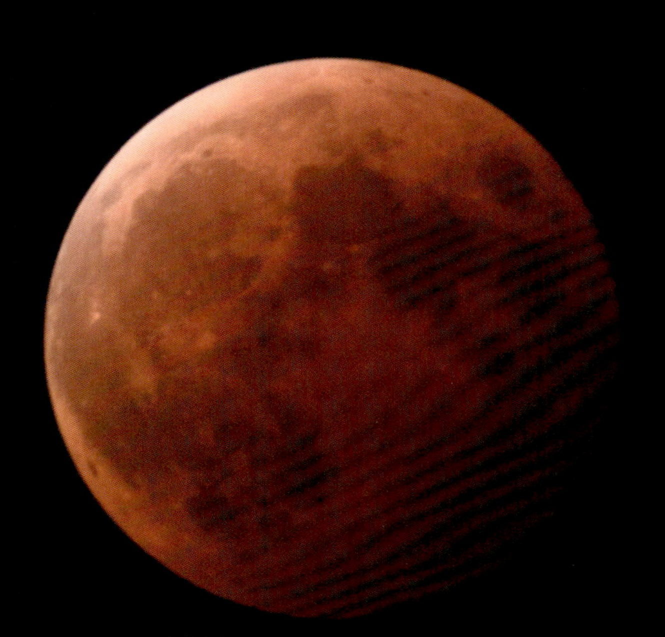

皆既月食の赤い月

皆既月食の間は真っ暗にはならず、赤くうす暗い月を観察できます。皆既月食の時間は、月の通過する位置が地球の影の中心に近いほど長くなり、1時間40分以上つづくこともあります。

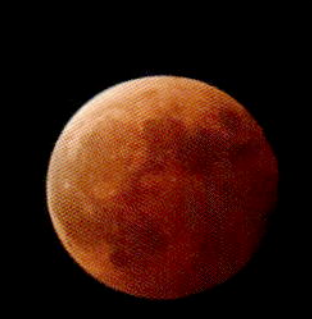

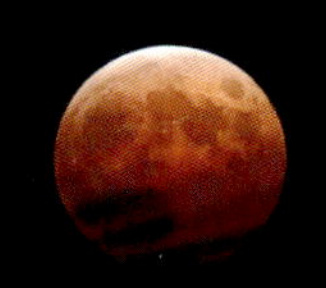

皆既月食の連続写真

地球の影の比較的ふちに近いところを通過したときの皆既月食です。

皆既月食が赤く見えるわけ

太陽光にはいろいろな色がまざっていて、なかでも赤い色は大気を通りぬけやすい性質があります。太陽の光が地球の周りの大気にあたると、通りぬけた赤い光が本影にまわりこんで月を照らすので赤っぽく見えるのです。

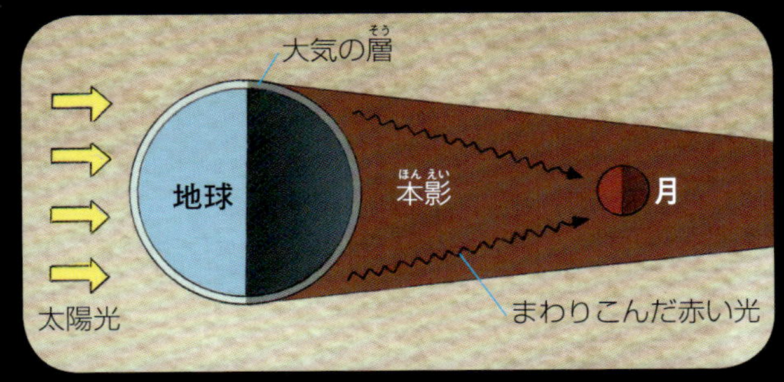

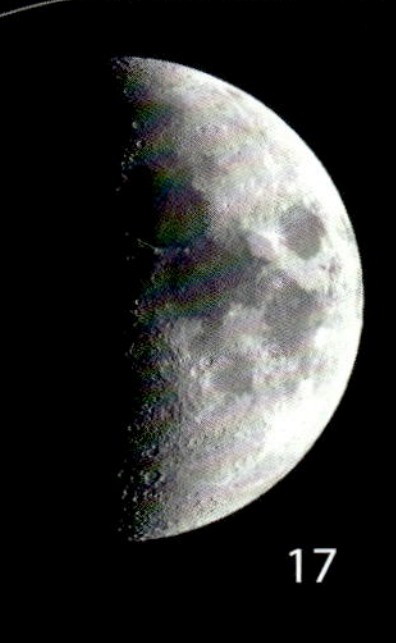

月が地球におよぼす力

月の公転には、「物と物とがたがいに引き合う力」である引力が関係しています。月の引力は、地球上では潮の満ち引きをおこすなど、さまざまな影響をおよぼしています。

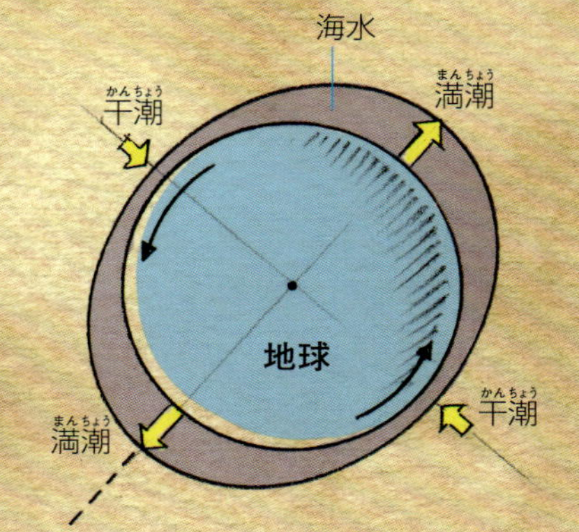

月

月と太陽がおこす潮の満ち引き

海岸にいて、潮（海水）が満ちたり引いたりするのを経験した人も多いことでしょう。この満潮や干潮をおこす力を「潮汐力」といいます。潮汐力のいちばんの原因は月の引力で、その影響は月のうごきとともに地球上を移動してくりかえされます。太陽の引力も潮汐力の原因になっています。ただし、太陽は遠いのでその影響は月の半分以下しかありません。

月の引力と潮の満ち引き

月の正面を向いた地球の海水面は、月の引力にひっぱられてもり上がり、満潮になります。一方、地球の反対側でも満潮がおきます。月の引力は地球の反対側では距離が遠くなることで弱まるので、結果的に海水がとりのこされるからです。このとき、満潮から90°ずれた地域では干潮になります。満潮が１日に２回おこるのは、潮汐力によって海水が図のような分布になるためです。

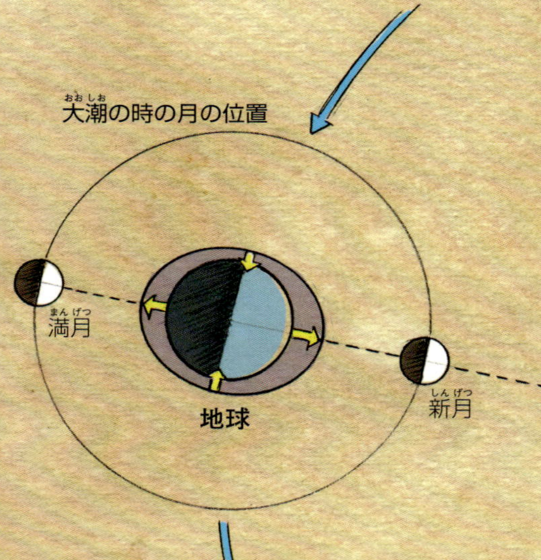

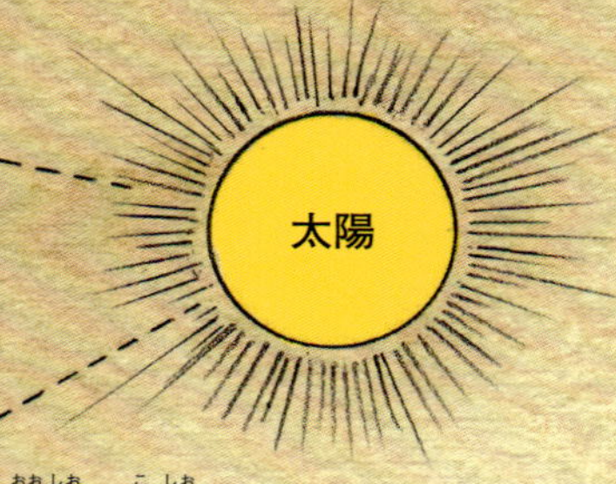

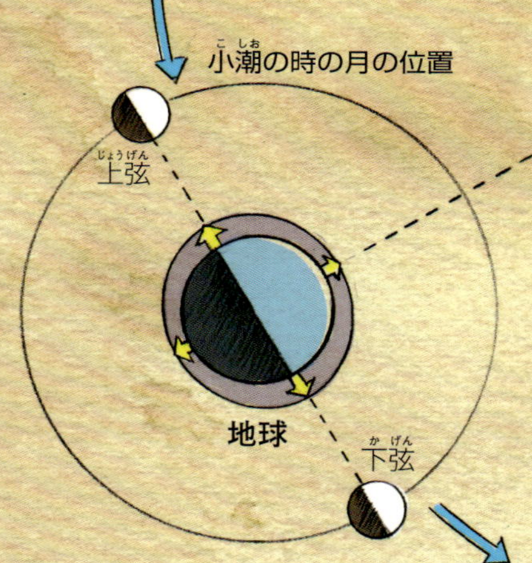

大潮と小潮

潮の満ち引きで満潮と干潮の差が最大になるときを大潮、最小になるときを小潮といいます。どちらも、月に加え太陽の引力がはたらいておきる現象です。太陽、月、地球の３つが１列にならぶ、新月や満月のときには、月と太陽の引力が合わさるので、潮の満ち引きの差が大きい大潮になります。月が上弦や下弦の位置にきたときには、差が小さな小潮になります。

潮の満ち引きをグラフで見る

右は、ある年の東京湾の約１か月間の潮の満ち引きの変化をしめしています。グラフの線のくびれたところは小潮、ふくらんだところが大潮にあたります。下の月の満ち欠けのようすとくらべてみましょう。

（資料：気象庁）

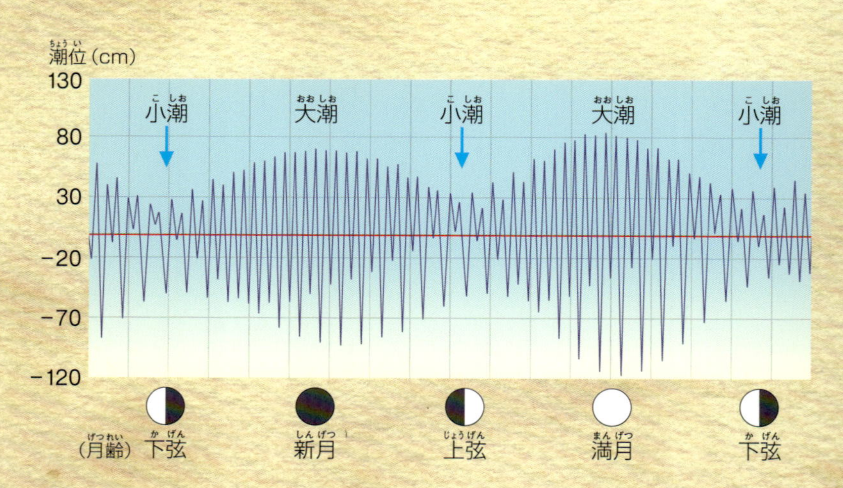

地球の周りをまわっているといわれる月ですが、厳密には地球と月は「共同重心」（31ページ参照）をまわり合うという複雑な関係です。

潮の満ち引き
潮が満ちたときが満潮、引いたときが干潮で、24時間50分ごとに満潮と干潮が2回ずつおきます。写真は安芸の宮島の大鳥居周辺で、左は満ちていくようす、右は引いたようすです。

生物や火山と月の深い関係

大潮や小潮は、海や海辺にすむ生物にも影響をおよぼしています。大潮の夜、サンゴは海中にいっせいに卵を産みます。また、アカテガニは海岸までくると、おなかにかかえた卵からかえったばかりの幼生を海にはなちます。どちらも、卵や幼生を引き潮にのせて遠くまではこぶための行動と考えられています。

火山にも影響をあたえ、新月や満月のときに噴火が多いという報告もあります。いつもより大きな潮汐力が火山の地下のマグマにはたらいて、活動を活発にしているのかも知れません。月の影響については、まだまだ知られていないことがたくさんありそうです。

サンゴの産卵
大潮の夜に見られる、サンゴが産卵しているようすです。卵一粒の大きさは2～3ミリです。

月と火山の活動
月の強い潮汐力は、火山の下のマグマの活動にも影響をあたえているとかんがえられています。

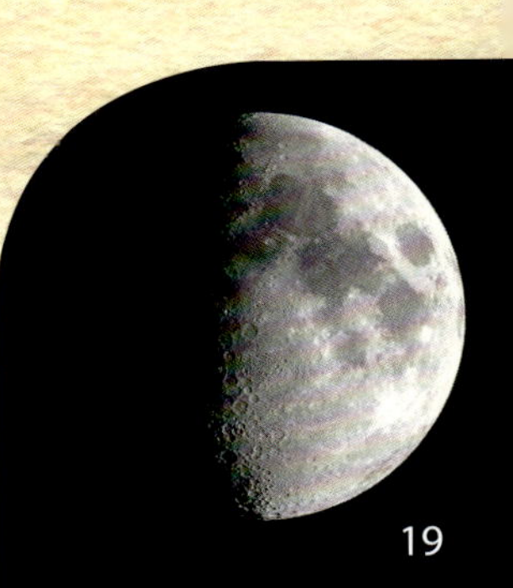

月はこうして誕生した

月は、地球が生まれて間もないころに、すでに存在していたようです。その誕生のしかたは、たいへんダイナミックで劇的であったとかんがえられています。

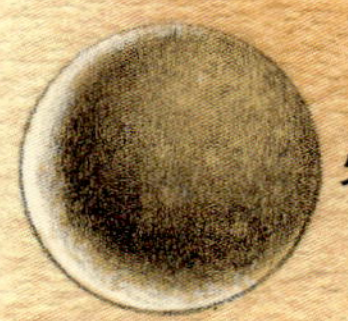

1 おおよそ46億年前、微惑星が合体して地球が生まれました。あるとき、原始の地球に火星サイズの天体が近づいてきました。

月を生んだ「天体衝突事件」

月の起源について、現在のところもっとも有力なのが「ジャイアント・インパクト説（巨大衝突説）」です。
およそ46億年前、太陽は宇宙をただよう濃いガスやちりのあつまりから生まれました。原始の太陽をとりまくちりやガスの渦巻きのなかでは、無数の微惑星という小さな天体がぶつかり合いや合体をくり返し、そのなかで大きく成長したものが、水星、金星、地球のような惑星になりました。原始の地球ができたころ、地球に火星サイズの天体が衝突しました。この巨大な衝突（ジャイアント・インパクト）が月誕生のきっかけとなったといわれているのです。
最近の研究では、衝突が何度もおきたという「複数衝突説」も唱えられています。

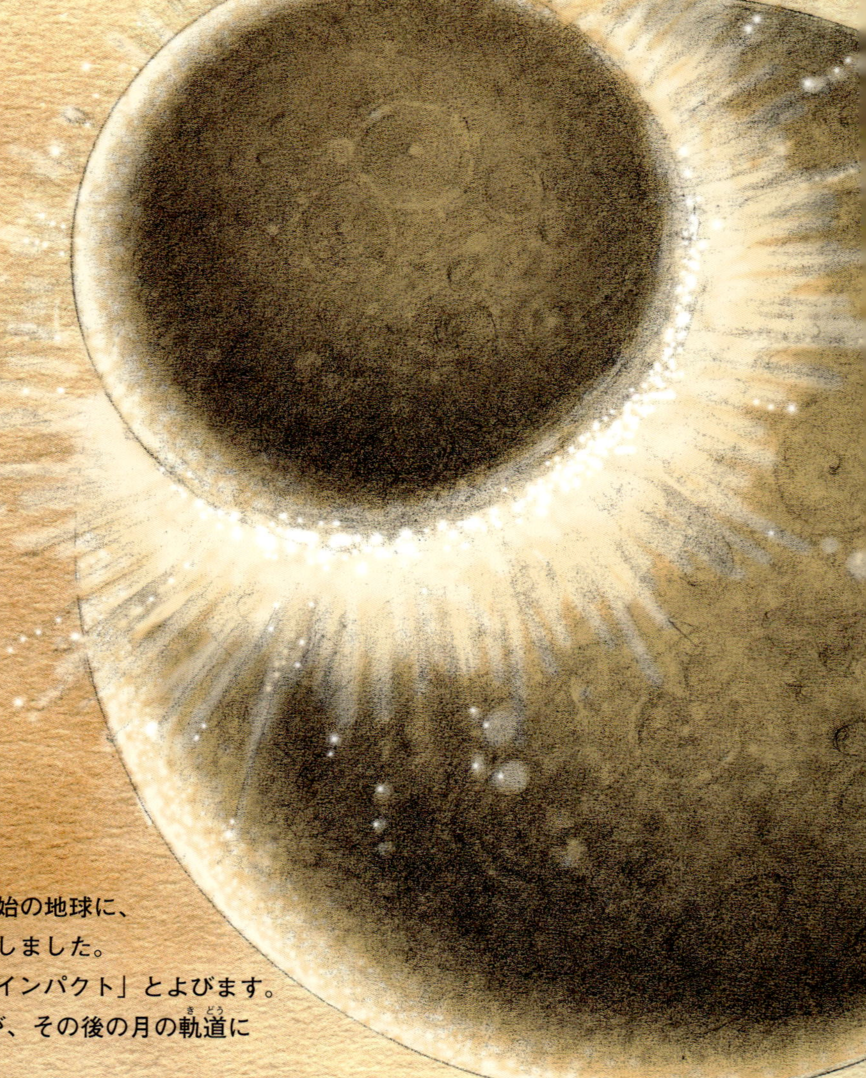

2 火星サイズの天体は、原始の地球に、ななめからはげしく衝突しました。これを「ジャイアント・インパクト」とよびます。（このときの衝突の角度が、その後の月の軌道に影響をおよぼしました）

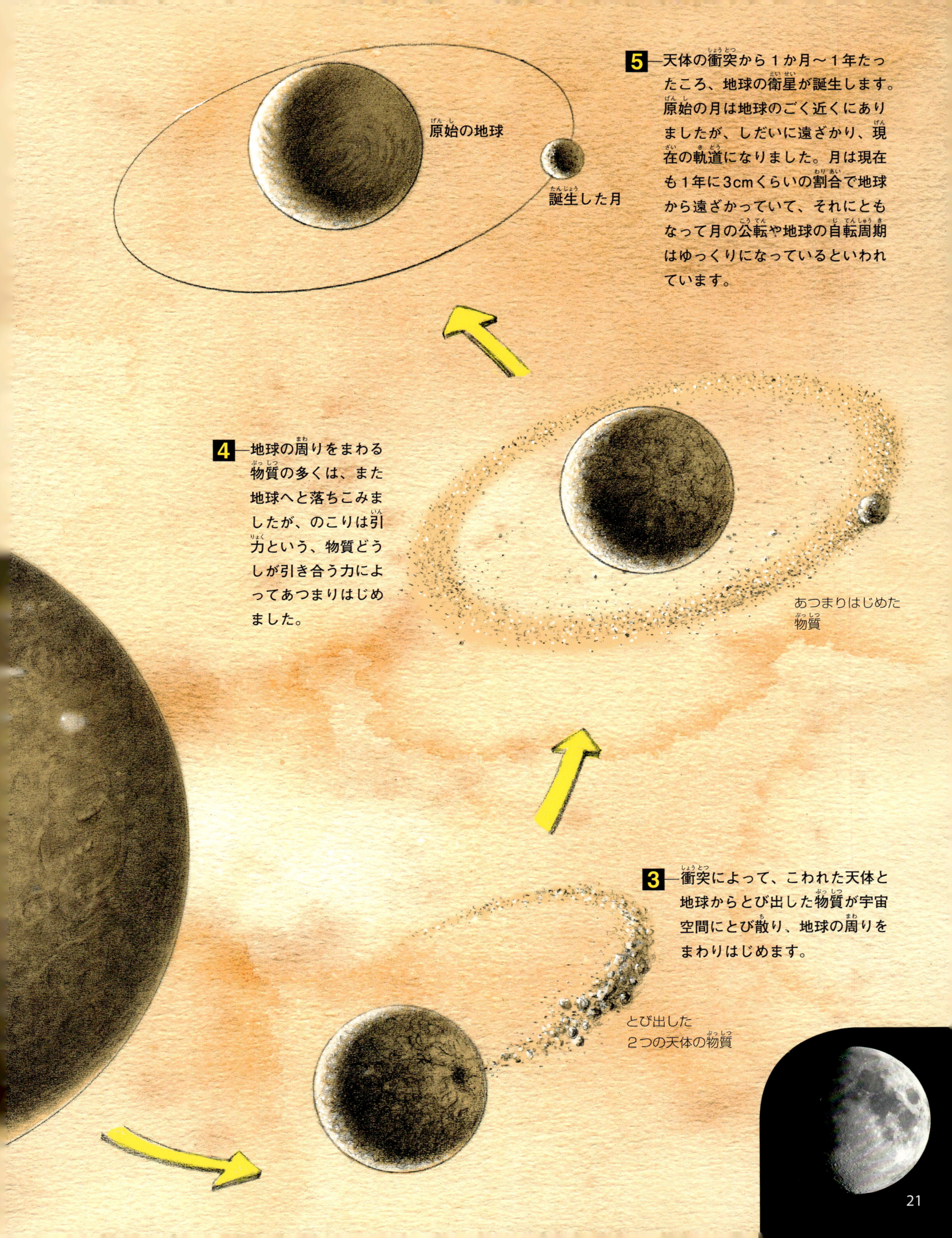

5 天体の衝突から１か月〜１年たったころ、地球の衛星が誕生します。原始の月は地球のごく近くにありましたが、しだいに遠ざかり、現在の軌道になりました。月は現在も１年に3cmくらいの割合で地球から遠ざかっていて、それにともなって月の公転や地球の自転周期はゆっくりになっているといわれています。

4 地球の周りをまわる物質の多くは、また地球へと落ちこみましたが、のこりは引力という、物質どうしが引き合う力によってあつまりはじめました。

3 衝突によって、こわれた天体と地球からとび出した物質が宇宙空間にとび散り、地球の周りをまわりはじめます。

クレーターの正体

月の表面を観察して、すぐ目にとびこんでくるのが、
クレーターとよばれる円形のくぼみです。
地球上にも火山の火口にできたクレーターがたくさんありますが、
月のクレーターができた事情は、ちょっとちがうようです。

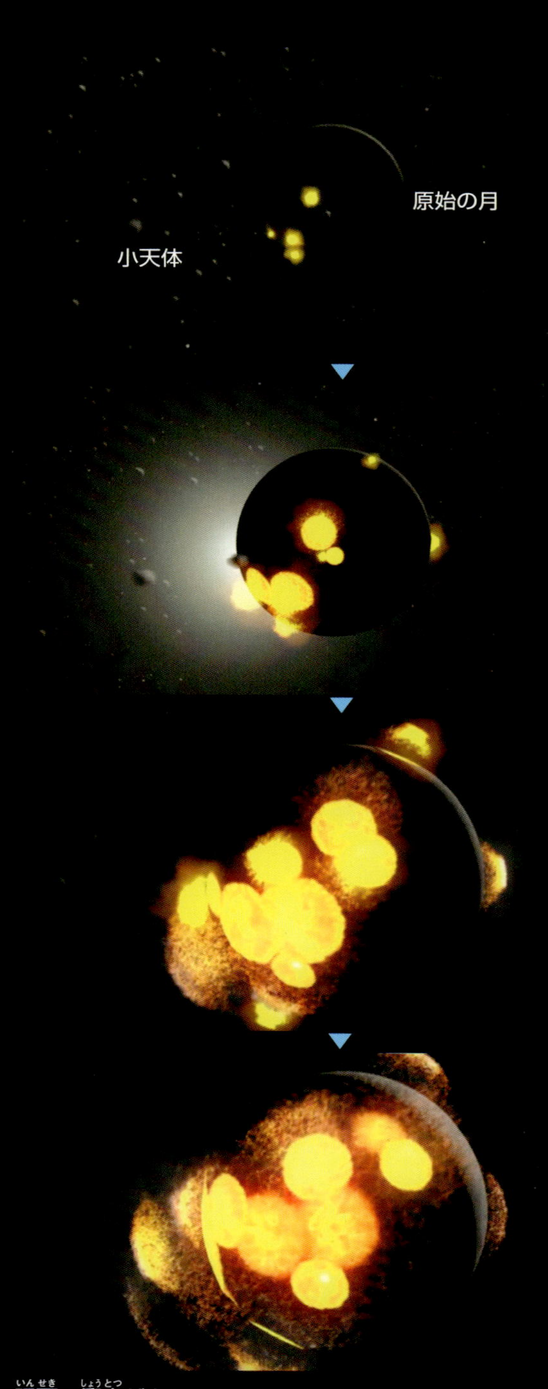

隕石の衝突がクレーターをつくった
上の４つの連続画像は、NASA（アメリカ航空宇宙局）がつくった、クレーターのできる原因となった今から41億～38億年前 の大量の小天体衝突の想像図です。　（図版資料：NASA／Goddard）

ふりそそぐ小天体

太陽系が誕生したのちの、今からおよそ41億～38億年前、地球をはじめ火星、金星、水星にむけて、大量の小天体（小惑星）が隕石としてふりそそいだ「後期重爆撃期」という時期がありました。木星など大惑星の軌道が変化したことが原因ともいわれています。小天体は同じように月にもふりそそぎクレーターをつくりました。月の大きなクレーターのほとんどがそのころできたことが、月の石などの年代測定によってわかりました。

小山のあるクレーターのでき方
隕石が、月の表面にいきおいよく衝突すると、衝突のエネルギーによって、周囲がもりあがったくぼ地をつくります。大きめのクレーターでは、図のように中央に反動でできた小山のあるものもあります。

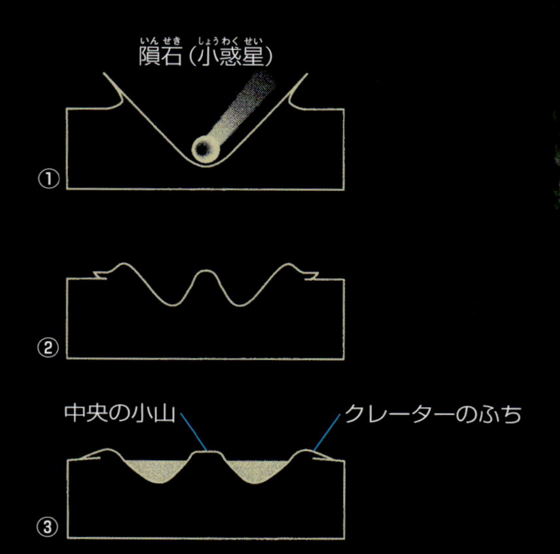

クレーターだらけの月
左上が月の裏側、右下方向が月の表側にあたります。探査機が撮影した地球から見ることができない画像です。

いろいろなクレーターがある

月のクレーターには、直径が500kmをこえるものから、1mm以下のものまであり、形もさまざまです。ここには、アポロやルナー・リコネサンス・オービター（LRO）などの探査機がとらえた特徴のあるクレーターや盆地の一部を紹介します。

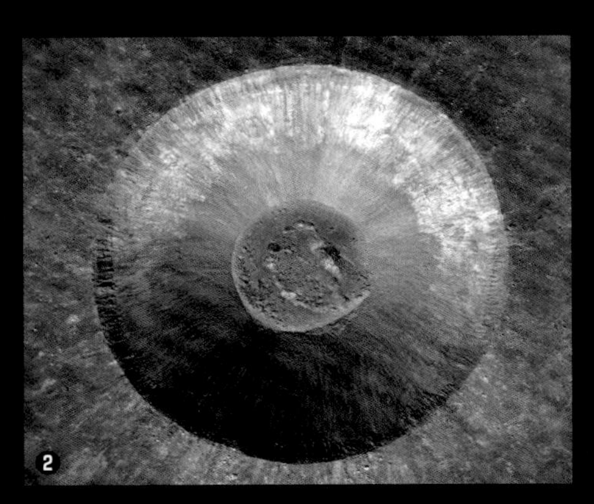

①シュミット・クレーター
静かの海の西側にある、直径約11km、深さ2300mのクレーターです。（アポロ10号）

②リヒテンベルグ・クレーター
嵐の大洋の西のはしにある、直径約5kmの約10億年前にできたクレーターです。きれいなすり鉢状の姿を真上から撮影しました。（LRO）

③ツィオルコフスキー・クレーター
月の裏側にあり、名前はロケット研究者にちなんでいます。直径約185km、中央に小山があり、周りの溶岩がふきだしたあとが暗く見えます。（LRO）

④ジョルダーノ・ブルーノ・クレーター
表側から見て月の右上の側面にあり、秤動（13ページ参照）で地球からちらりと見えるときがあります。直径約22kmの比較的若いクレーターです。（LRO）

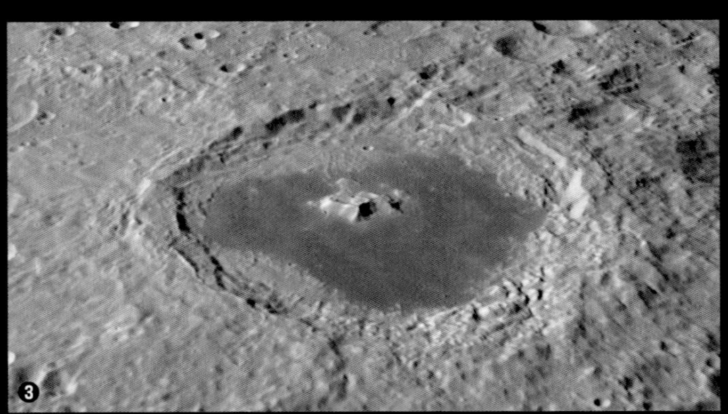

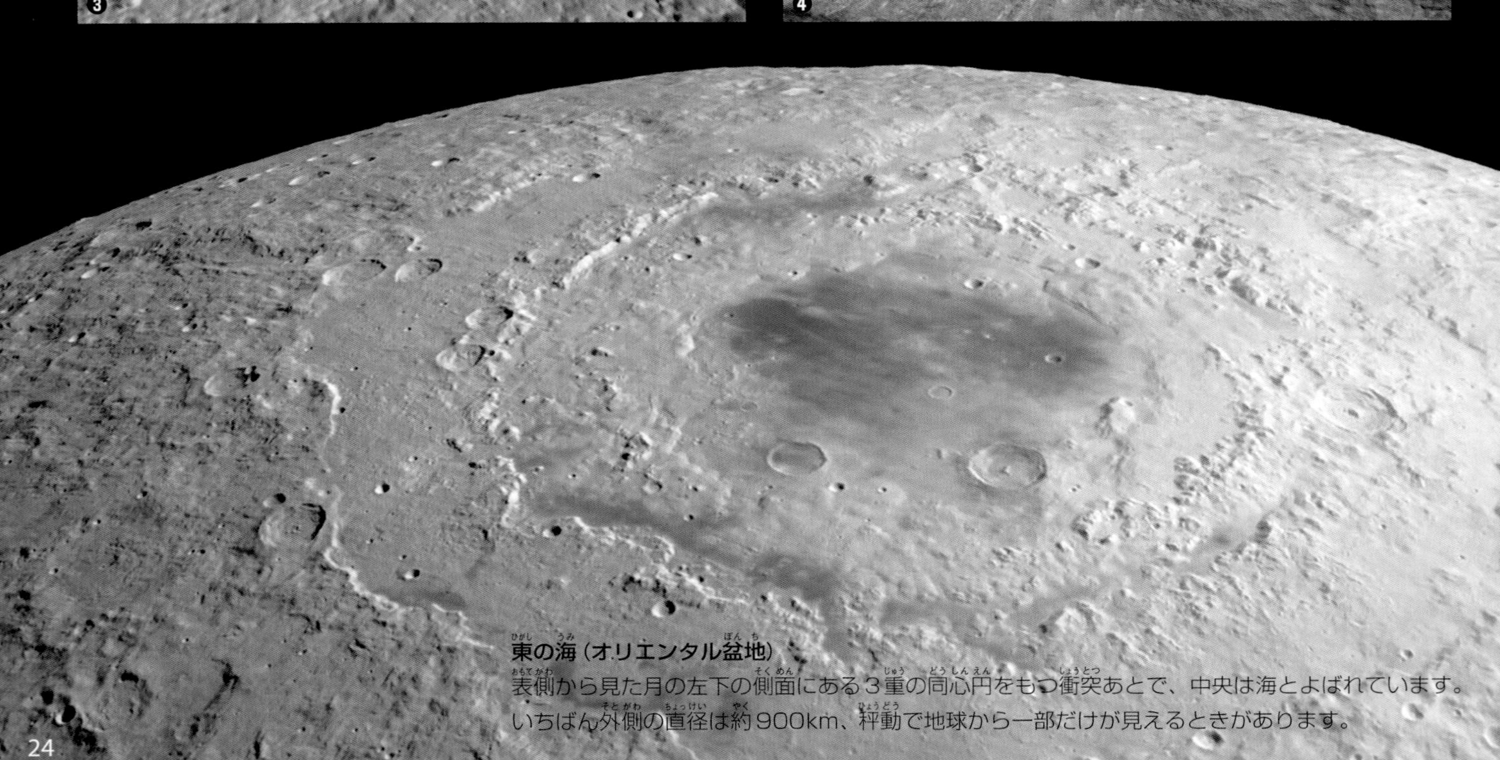

東の海（オリエンタル盆地）
表側から見た月の左下の側面にある3重の同心円をもつ衝突あとで、中央は海とよばれています。いちばん外側の直径は約900km、秤動で地球から一部だけが見えるときがあります。

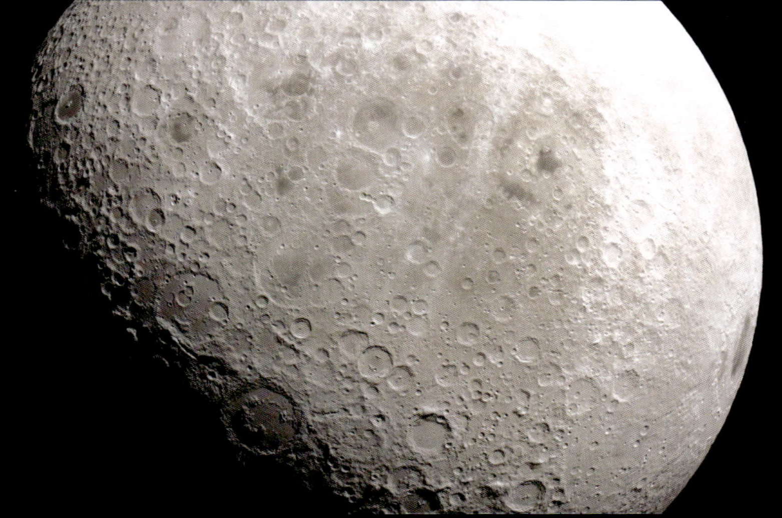

南極のエイトケン盆地

南極地方にある巨大な天体の衝突あとで、直径約2500kmあります。月ではもちろん、太陽系の中でも最大級といわれています。盆地ができたあとにも、数々のクレーターができました。

レーザー高度計の調査をもとにつくられたエイトケン盆地の画像

青色のこい部分ほど低い地域です。このような画像によって衝突あとであることが確認されました。月面で一番低い場所と高い場所のどちらもがこの盆地にあります。

極小クレーター

肉眼では見えないクレーターもあります。月の表面をおおっている粉のようなレゴリス（41ページ参照）の粒のひとつにもクレーターが観察されています。きわめて小さな隕石が衝突してできました。

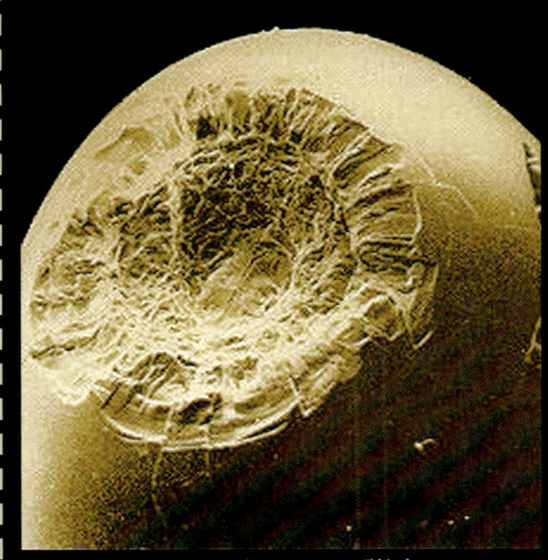

レゴリスのガラス粒にできた極小クレーター（電子顕微鏡写真）

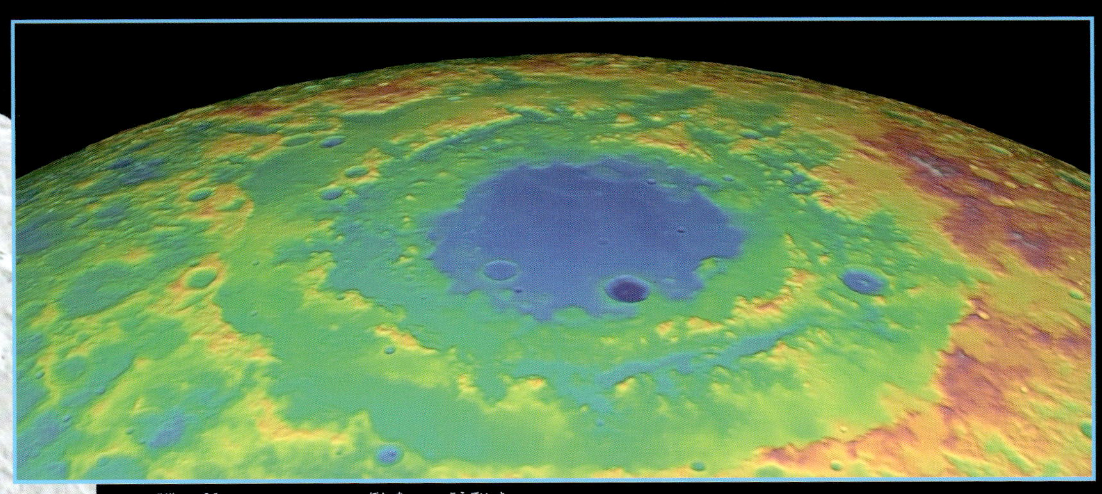

東の海（オリエンタル盆地）の高低差

３重の構造がきわだって見えます。

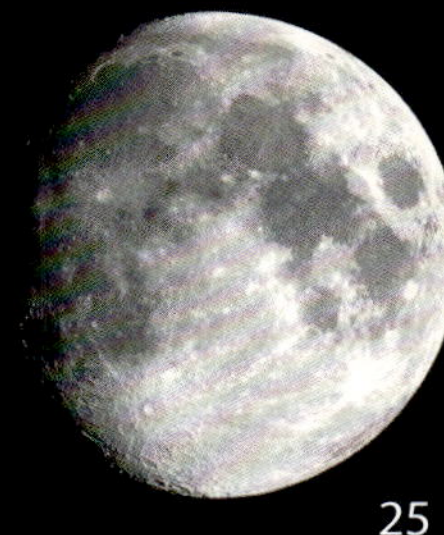

月のクレーターは、双眼鏡や家庭用の望遠鏡などでも簡単に見られます。
明るすぎる満月はさけて、欠けている月の影との境目近くが観察のねらい目です。

地球にも衝突クレーターがある

地球上の各地にも、月にあるような小天体の衝突でできたクレーター（隕石孔）がみつかっています。

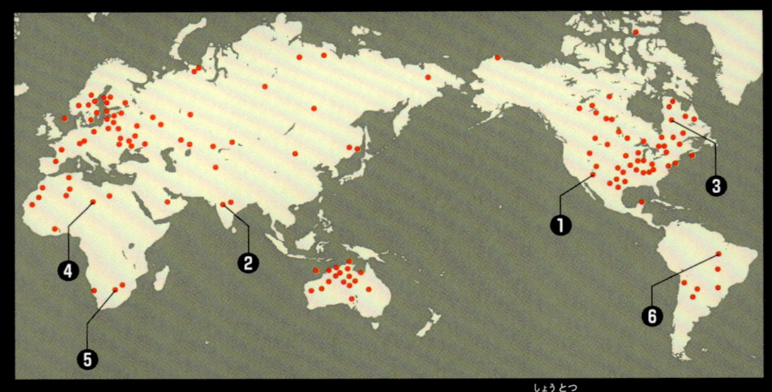

世界のおもな衝突クレーターの分布

人工衛星による発見も

大むかし、月でクレーターをつくった無数の小天体は、地球上にも落下していたと考えられています。しかし、月とちがって地球上は、大地の運動をはじめ、つねに風化や侵食作用をうけるので、古いクレーターは形がくずれたり、わからなくなっています。人工衛星の写真によってはじめて発見されるクレーターもめずらしくありません。

空から見た
バリンジャー・クレーター

❶バリンジャー・クレーター（アメリカ）
アリゾナ州の砂漠地帯にある、科学的に最初に確認された衝突クレーターです。直径は約1.5km、深さ約170m。名前は研究者（バリンジャー）にちなんでつけられました。5万年前の直径30mくらいの隕石の衝突でできたとかんがえられています。

②ロナール・クレーター（インド）
デカン高原にある5万〜3万5000年前にできたクレーターです。直径は約1.8km、深さ150mほどで、現在はロナール湖になっています。

③クリアウォーター・クレーター（カナダ）
ケベック州にある双子のクレーターです。およそ2億9000万年前に、つづけて落ちた2個の隕石によってできました。左上のクレーターの直径は約36kmです。

④アオルンガ・クレーター（チャド共和国）
アフリカのサハラ砂漠の中に残るおよそ3億4500万年前のクレーターです。同心円の外側の直径は12.6km。古いのでかなりくずれていますが、運よく国際宇宙ステーションから発見されました。

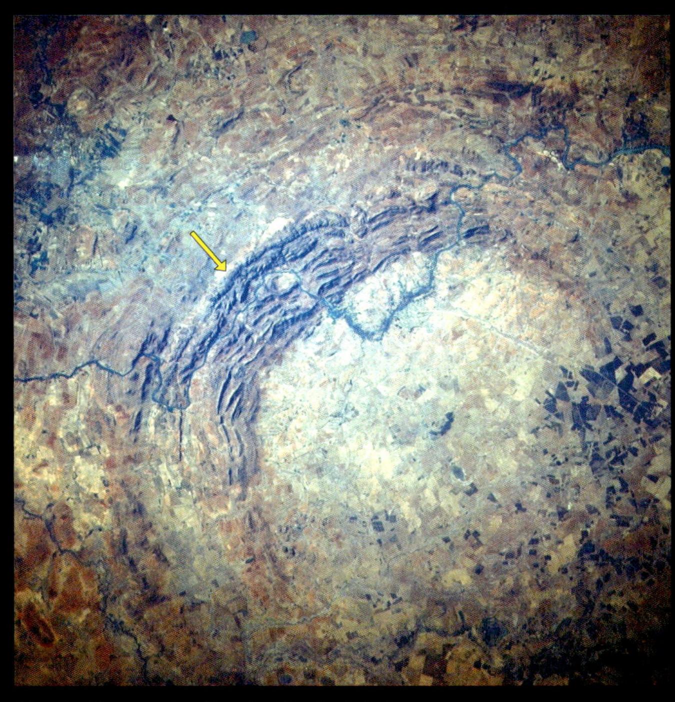

⑤フレデフォート・ドーム（南アフリカ）
およそ20億2300万年前にできた世界最古で最大級のクレーターといわれています。現在、確認できるのは、約190kmほどの内側のクレーターの一部（矢印）のみですが、できた当時は、外側に直径300kmまで広がっていたとかんがえられています。

⑥セラ・ダ・カンガルハ・クレーター（ブラジル）
熱帯雨林にある、およそ2億2000万年前のクレーターです。写真の外側の矢印のふちまでの直径は12〜13kmで、この中に東京のJR山手線がすっぽり入ります。

最近の研究では、オーストラリアにある盆地が、フレデフォート・ドームをしのぐ、直径約400kmの大きさの隕石落下のあとではないかという報告があります。

月の海の正体

月の表側にひろがる、暗く平らな地域は、
地球から見ると海のように見えるので月の海とよばれています。
海ができたのは、多くのクレーターができたすぐあとの時期と考えられています。

海の成り立ち

およそ40億年前の「後期重爆撃期」（22ページ参照）におきた巨大な隕石の衝突は、巨大なクレーターをつくり、月面に深いひびわれを生じさせました。後期重爆撃期がおわると、月の内部で熱せられていたマグマ（溶岩）がわれ目をつたって表面にふき出し、クレーターの中や、外にまであふれ出してひろがりました。マグマはやがてかたまり、玄武岩でおおわれた平らな台地ができました。それを海とよんでいます。

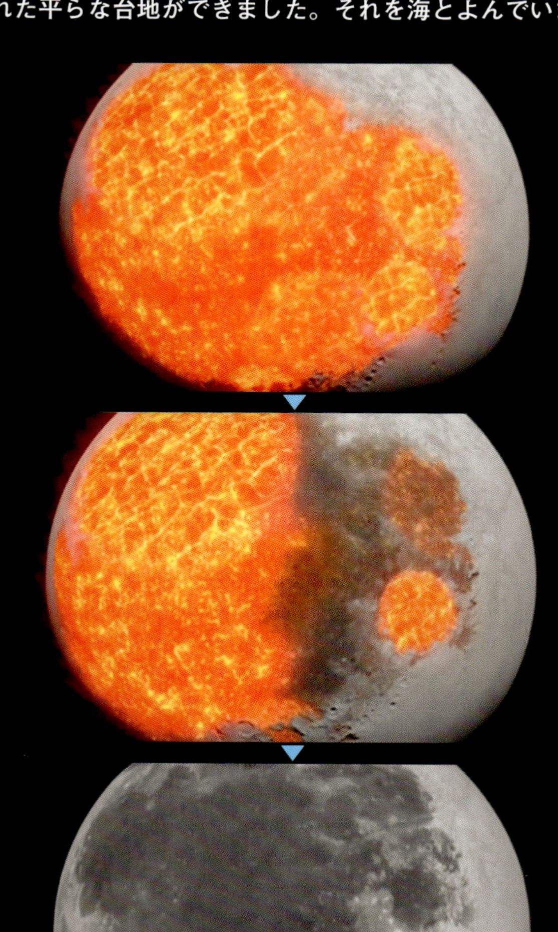

ふき出したマグマが海をつくった
５つの連続画像は、NASA（アメリカ航空宇宙局）によってつくられました。クレーターの地下からマグマがふき出し低い地域にひろがったあと、冷えてかたまり暗い色の海ができました。
（図版資料：NASA/Goddard）

アポロ11号が撮影した
「静かの海」のパノラマ写真

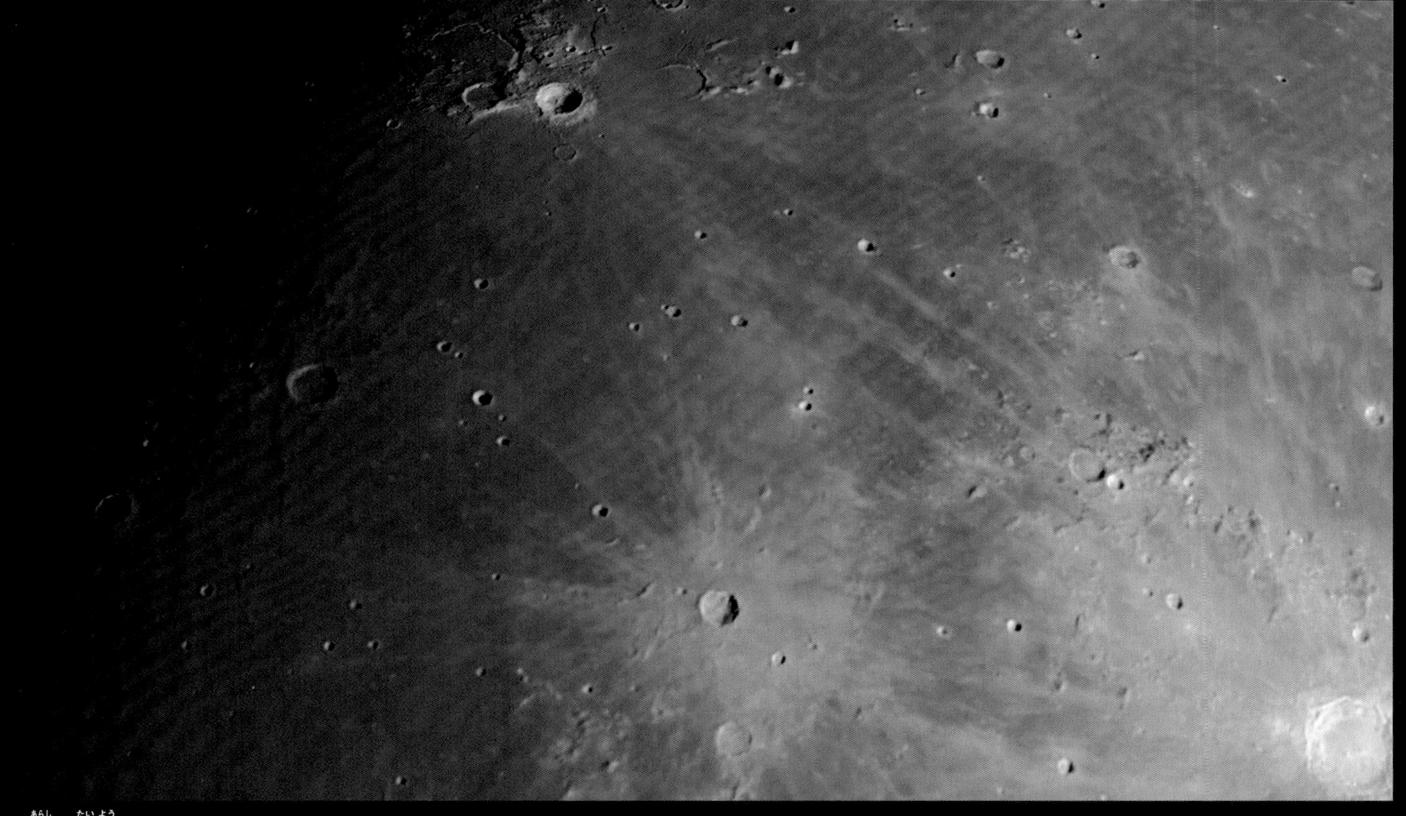

「嵐の大洋」の一部

まん中の少し下にケプラー・クレーター 、右下にコペルニクス・クレーターが見えます。上の方は「雨の海」です。

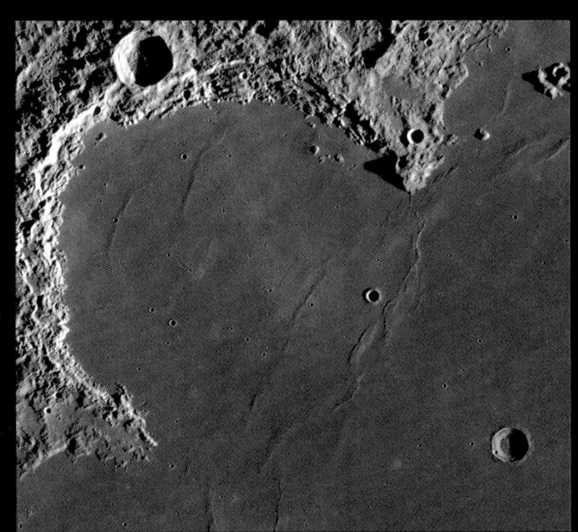

「虹の入江」

「雨の海」の右上にあり、直径は約250km です。入江はクレーターが溶岩でうまったあととかんがえられています。

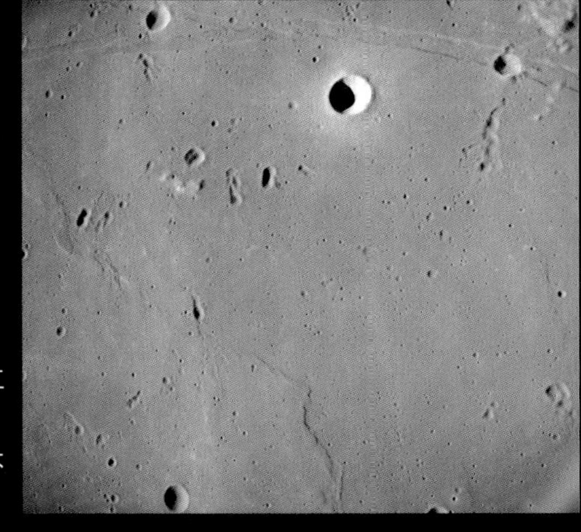

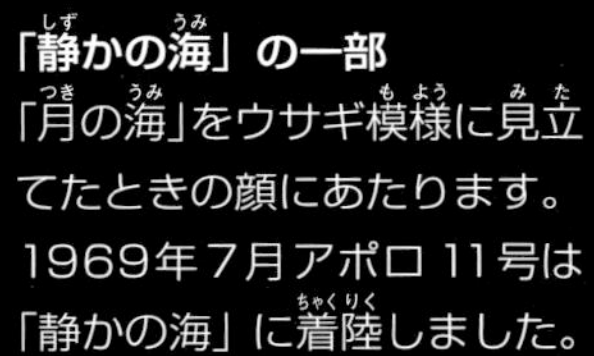

「静かの海」の一部

「月の海」をウサギ模様に見立てたときの顔にあたります。1969年7月アポロ 11号は「静かの海」に着陸しました。

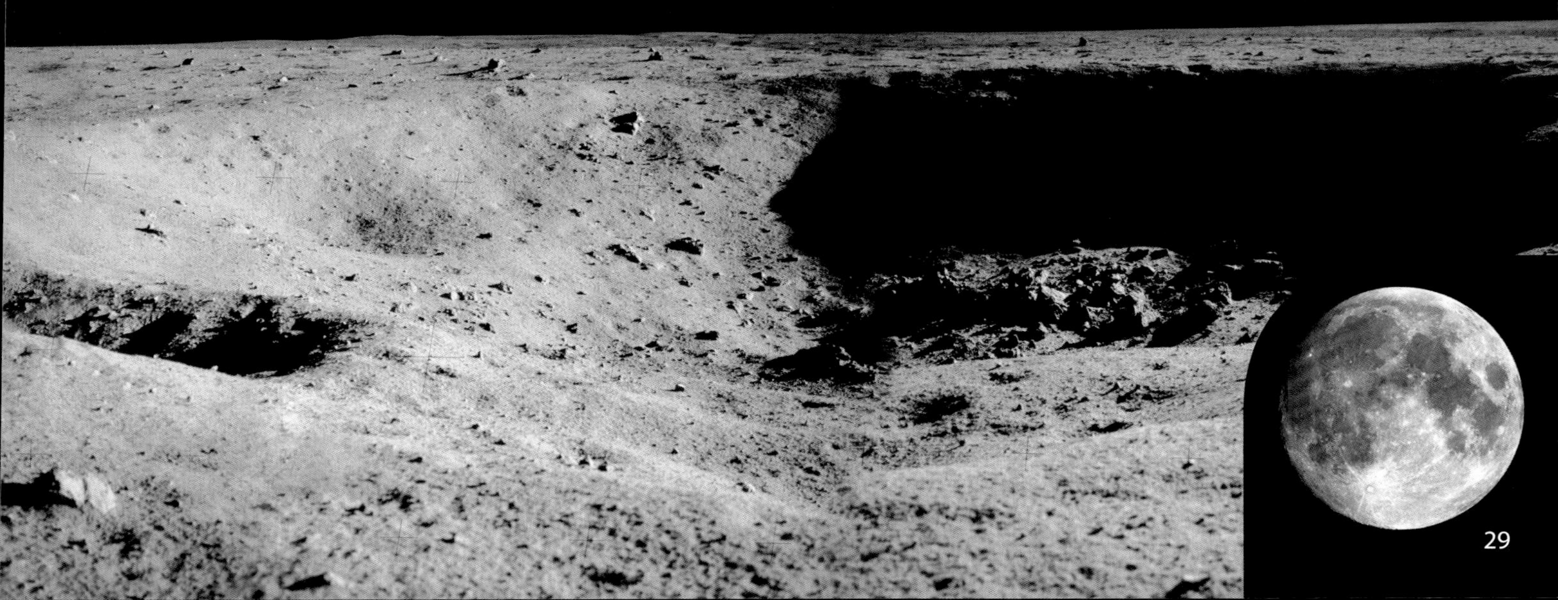

月の内部を知る

**月は地球とおなじように岩石でできています。
急速にかたまってできたため、内部のつくりは比較的単純で、
地球のような全体をおおう強い磁場はありません。**

月の内部のつくり

月のいちばん外側には岩石の地殻、その下に重くて厚い岩石のマントル、中心に金属の核があります。地殻は裏側より表側（地球側）がうすくなっています。このため表側では溶岩がふき出しやすく海ができたのかもしれません。また、地殻の岩石は比較的軽いので裏側の地殻が厚い分、月全体の重心は中心よりも地球寄りにあります。

月の表面
たくさんのクレーターと、海とよばれる地域があります。海の付近では部分的に磁場がみつかっています。

地殻
海はおもに玄武岩からなり、ほかに斜長石、かんらん岩などもふくまれます。（40ページ参照）

マントル
核をおおう重く厚い岩石の層です。地球のマントルのような運動（対流）はありません。

溶けたマントル
核に近いマントルの一部は溶けているとかんがえられています。日本の月探査機「かぐや」などの観測からわかりました。

外核
液体の金属でできています。

内核
固体の金属でできています。

※マントルは、マント（外套）のように、「おおう」という意味のことばで、天体では核をおおうものという意味でつかわれています。

月面をおおうレゴリス

月の表面全体は、レゴリスとよばれるきめの細かい砂のような物質でおおわれています。レゴリスは、過去数十億年という年月の間に、月の表面に衝突した無数の隕石（小惑星）や彗星などによってこなごなになった岩石の破片です。そこに太陽からでる電気をもった高温の「太陽風」や宇宙線がふりそそぎ、破片をさらに細かくした上、宇宙線の物質も閉じこめました。レゴリスをくわしく調査すれば、過去の太陽の活動もわかるといわれています。

レゴリスの上の足跡
はじめて月面に立ったアポロ11号の宇宙飛行士が撮影しました。レゴリスの厚さは30cmから、場所によっては40mにもなります。

月にはどんな資源があるの？

月のレゴリスや岩石にふくまれていて、月面基地計画などに利用できそうなおもな資源にはつぎのようなものがあります。

アルミニウム……斜長石にふくまれていて、基地の建設やロケットの材料になります。

酸素……レゴリスや、岩の中からとり出します。人間の呼吸にはなくてはならないものですし、水素とむすびつけて水をつくり出せます。

水素……太陽からとんでくる高エネルギーの粒子（太陽風）の中にふくまれていたものが、レゴリスの中にたまっています。ロケットの燃料や水をつくる材料になります。

チタン……金属の一種で、玄武岩の中にふくまれています。基地の建設や道具類、ロケットの材料になります。

鉄……地球上と同じように、さまざまなものに利用できます。玄武岩などの岩石にふくまれています。

水……酸素とおなじように欠かせません。極近くのクレーターの内部に氷の状態でたくさんあると考えられています。

ヘリウム３……地上にはない元素です。電気をつくり出すために、ばく大なエネルギーが得られる「核融合反応」に利用できます。

地球に飛んできた月の石

地球に落ちた隕石（月隕石）の中に月の石もみつかっています。月に小惑星などが衝突し、そのとき飛び散った月の岩石が、宇宙をさまよったあと、地球に落下してきたものです。成分が地球にもちかえった月の石と同じなので月のものとわかりました。

月隕石
1982年に、
南極大陸の山脈でみつかった最初の月隕石です

アポロ17号が撮影した
月面のパノラマ写真

月面の謎をさぐる

月を調査した探査機が、月面上の不思議な地形や現象をとらえた画像を地球に送ってきました。その正体は、すべてが月のなりたちに関わるものでした。

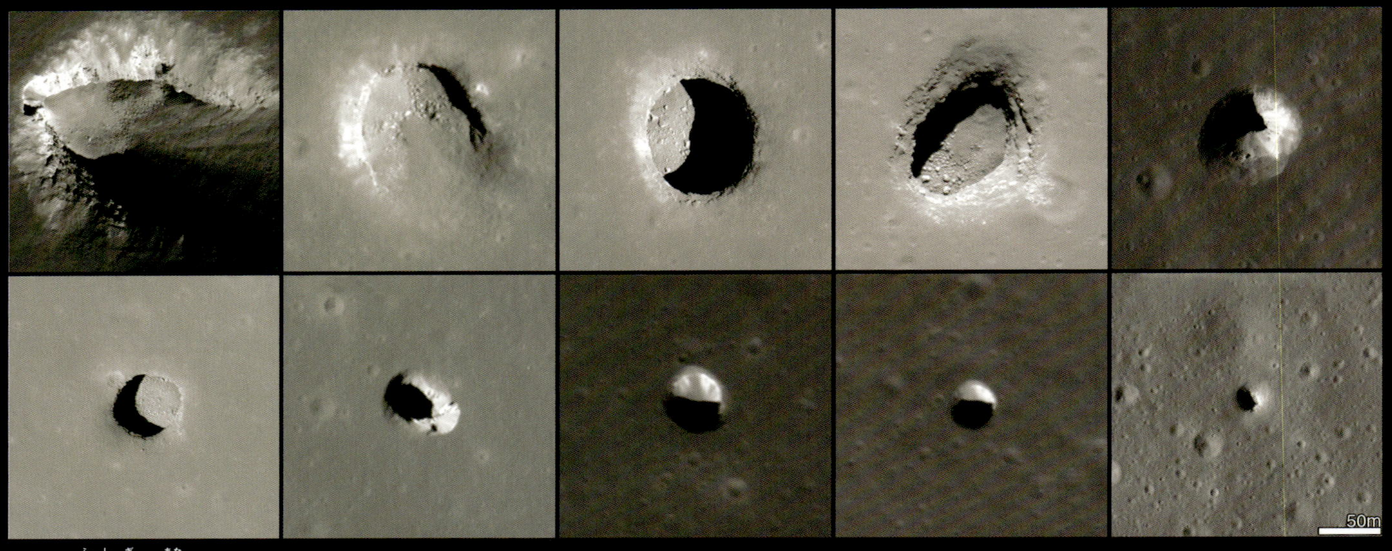

月面の不思議な穴
アリの巣穴のように見えるものが多く、中にはくずれているものもあります。
NASAのルナー・リコネサンス・オービターが撮影しました。

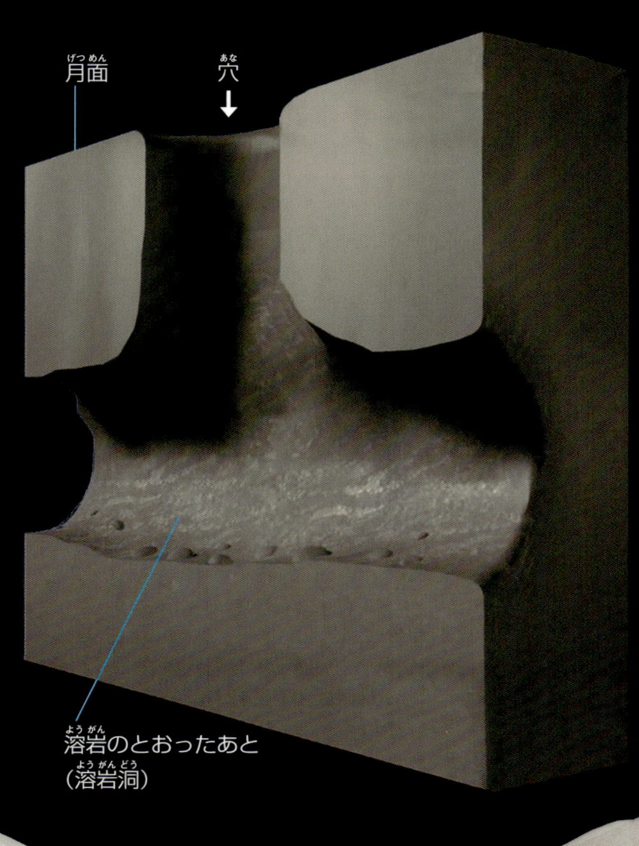

月面の穴の正体は？
日本やNASAの月探査機が、月の上空から、いくつもの不思議な穴を発見しました。直径は20mから100m以上のものもあります。大昔、月のマグマの活動がさかんだったころ、地下を流れた溶岩は、そのあとに溶岩洞とよばれる空洞をつくりました。
その後、洞窟の天井の一部がくずれてできたのがこの穴とかんがえられています。

穴の断面の想像図
穴をたてに切って見た想像図です。地下で溶岩のとおったあとに洞窟（溶岩洞）ができました。その後、天井がくずれて天窓のような穴があきました。右は流れる溶岩。

流れる溶岩のイメージ

（図版資料：NASA）

アポロ17号の撮影した月面のパノラマ写真

月面の光の正体は？

月面でときどき見られる発光現象は、隕石の衝突した瞬間です。月面では、今でも隕石によるクレーターができつづけています。探査機の調査では、直径 3m～43mのものが7年間で 200以上発見されました。小さなものはさらにあるでしょう。

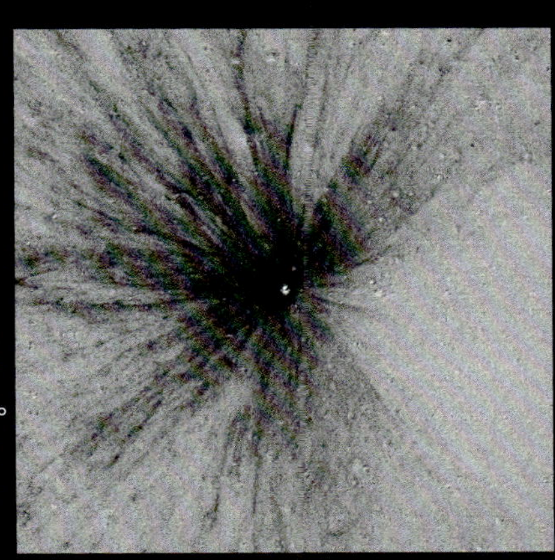

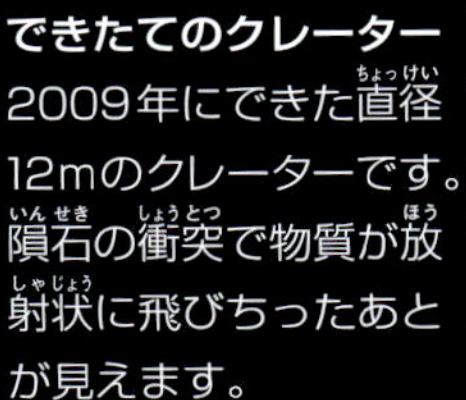

できたてのクレーター
2009年にできた直径12mのクレーターです。隕石の衝突で物質が放射状に飛びちったあとが見えます。

月面に川があった？

月面のあちらこちらにある川のあとのような地形。じつはこれも溶岩洞がくずれたあとや、溶岩が冷えてかたまったあとのひび割れ（断層）といわれています。谷やリルとよばれていて、幅は数km、長さは数百kmになるものもあります。

月面の谷
上は、シュレーター谷（矢印）、左は、ハドリー・リルとよばれています。どちらも溶岩洞のくずれたあとではないかとかんがえられる地形です。

月面の足あと？

下の写真、じつは足あとではなく、岩がころがったあとです。クレーターの斜面から始まり全部で500mころがってとまりました。あとから上にできた小さなクレーター（矢印）も見えます。

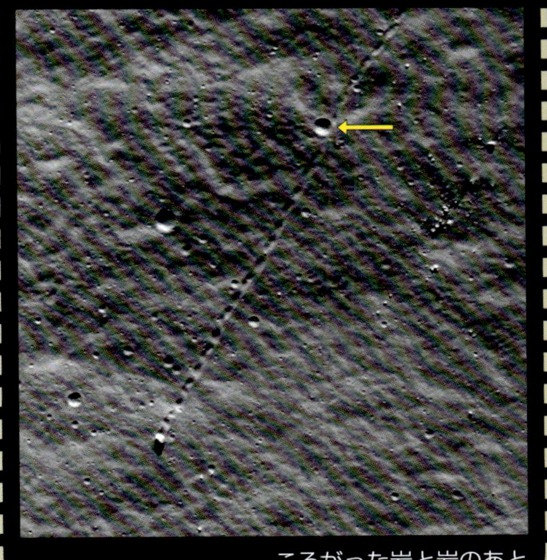

ころがった岩と岩のあと

アポロ宇宙船は着陸した！

アメリカのアポロ計画からよおよそ半世紀後、アメリカの月探査機ルナー・リコネサンス・オービター（LRO）が、月の上空からアポロやソビエト連邦（現在のロシアほか）の探査機の着陸地点を撮影しました。

アポロ14号の打ち上げ（1971年1月31日）

月面探査の歴史的証拠

月の探査は、1950年代から本格的にはじまり、アメリカとソビエト連邦の間で、はげしい競争がくり広げられました。そして1969年、人類はついにアポロ11号によって月面におり立ちました。その後アポロ計画は17号までつづけられ、月の詳細な調査がおこなわれました。ここに紹介するのは、LROが月の歴史的探査の証拠を撮影した写真の数々です。

アポロ15号

1971年7月に打ち上げられ「雨の海」の南東にあるハドリー山に着陸しました。

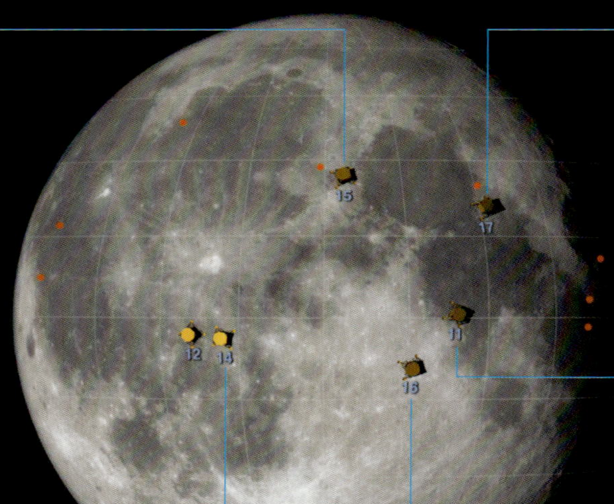
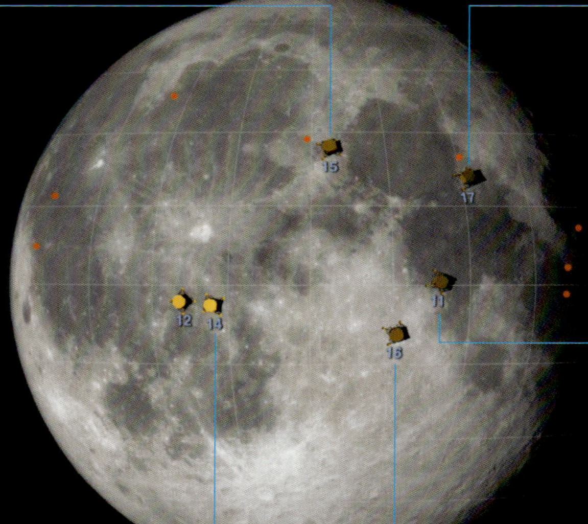

月面上のオレンジ色の点は、ルナ計画の着陸地点

アポロ17号

最後のアポロ計画で、1972年12月に打ち上げられ、タウルス山地の谷に着陸しました。

アポロ14号

1971年2月5日にフラ・マウロ丘陵に着陸しました。フラ・マウロは15世紀の世界地図製作者の名前。

アポロ16号

1972年4月に打ち上げられ、アポロ計画中でもっとも南のデカルト高地に着陸しました。

アポロ15号が撮影した月面のパノラマ写真

月面のアポロ11号の月着陸船と宇宙飛行士

月面をはなれるときは、上部だけが切りはなされて上昇し、下部は月面にのこされました。

アポロ11号

1969年7月に打ち上げられ「静かの海」に着陸しました。アームストロング船長は、月におりたった最初の人類となりました。

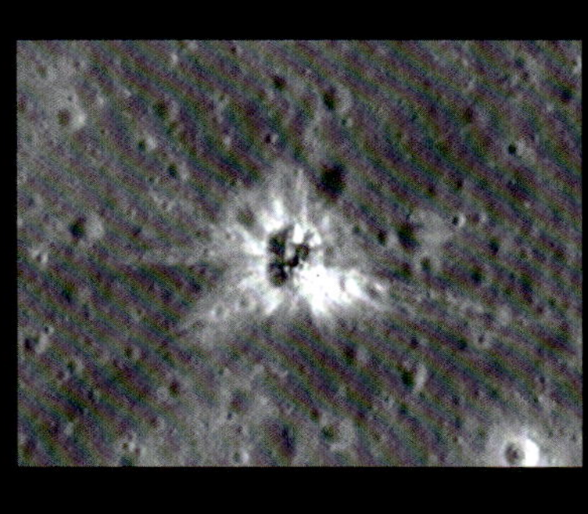

ロケットの衝突あと

アポロ16号では、ロケットの3段目を月面にぶつけておこした振動を月面の地震計でとらえ、月の内部がしらべられました。

◆アポロ計画と競ったルナ計画

ソビエト連邦がすすめたルナ計画は、人類こそ月に送りませんでしたが、すぐれた成果をのこしました。ルナ16号は、無人探査機を月へ送りこみ、リモコン操作であつめた岩石を地球へもちかえるというはなれ技をやってのけました。また、17号は月面車をリモコン操作し月の広い範囲を調査しました。

ルナ計画の月面車

1970年11月に打ち上げられたルナ17号で活躍しました。約80km以上を移動し、数万枚の写真をとりました。

LROが撮影したルナ17号の着陸地点

月面車の移動したあと（矢印）が、はっきりと見えます。

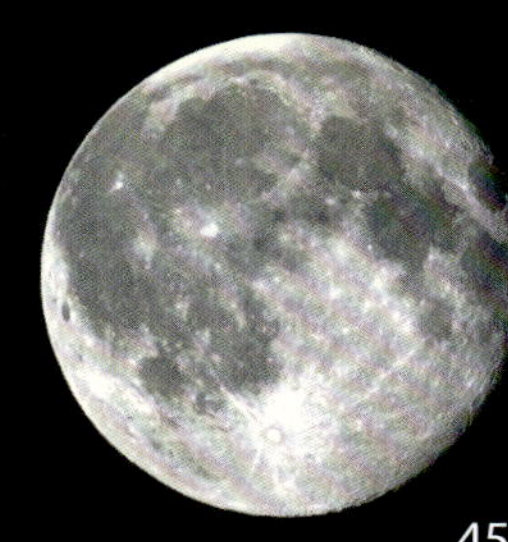

ほかの惑星の衛星を知る！

太陽系の惑星で衛星をもたないのは水星と金星だけです。冥王星のような準惑星や、海王星の外側をまわる「太陽系外縁天体」にも衛星をもつものがあります。さらに、小惑星の周りをまわるミニ衛星も見つかっています。ここでは地球以外で衛星をもつ5つの惑星の特徴ある衛星たちを紹介します。

水星
衛星数：0

金星
衛星数：0

地球
衛星数：1

火星
衛星数：2

火星の衛星

２つの衛星は、直径約6800kmの火星に比べると、どちらもきわめて小さく、ジャガイモのようないびつな形をしています。そのため、過去に火星の近くをとおった小惑星が火星の引力でとらえられたのではないかとかんがえられています。

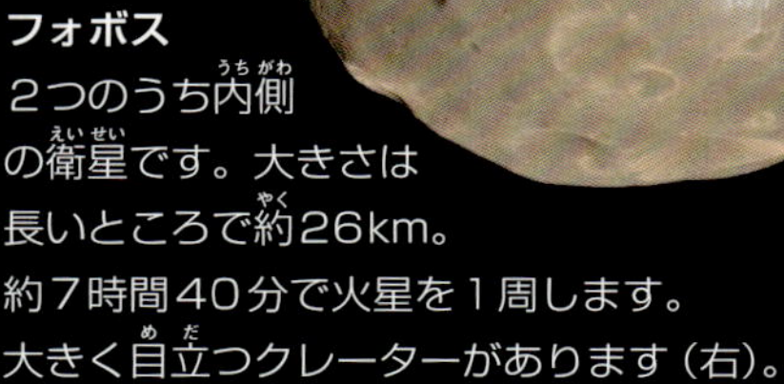

フォボス
２つのうち内側の衛星です。大きさは長いところで約26km。約７時間40分で火星を１周します。大きく目立つクレーターがあります（右）。

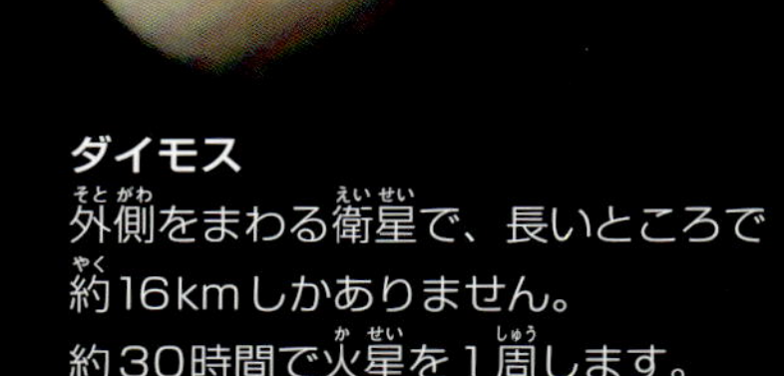

ダイモス
外側をまわる衛星で、長いところで約16kmしかありません。約30時間で火星を１周します。

木星の衛星

木星は巨大ガス惑星で70近い衛星があります。とくに大きなイオ、エウロパ、ガニメデ、カリストの４つの衛星はガリレオ衛星とよばれています。1610年に衛星を発見したガリレオにちなんだ名前です。

イオ
直径約3600km。木星の重力で内部に摩擦力が生まれ、火山活動が活発です。火山の噴煙も観察されています。

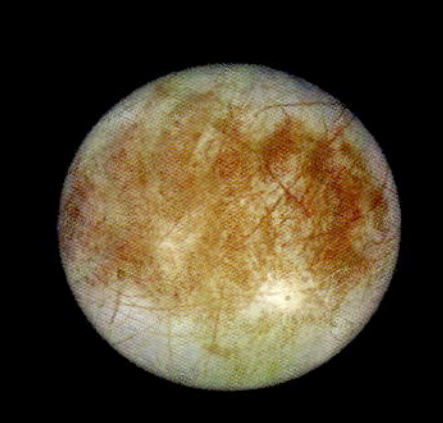

エウロパ
直径約3120km。液体の海があるとかんがえられ、生命が存在する可能性があります。

ガニメデ
直径約5260km。水星よりも大きく、太陽系の衛星の中で最大です。表面の氷の下に海があるかもしれません。

カリスト
直径約4820km。ガリレオ衛星の中ではいちばん外側をまわっています。カリストの内部にも海があるかもしれません。

エウロパ
表面は厚くかたい氷におおわれていて、その下に地球の約２倍の量の水をたたえた海があるとかんがえられています。海の底には地球の深海にもある熱水噴出孔があり、そこに細菌のような微生物がいる可能性があります。近年、表面から水蒸気がふき出すようすも観測されています。

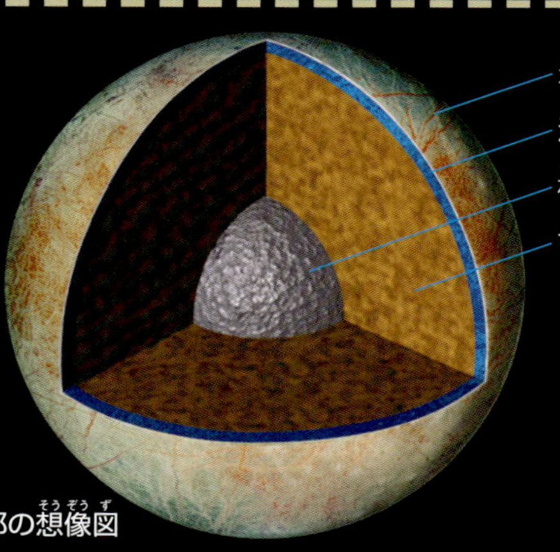

エウロパの内部の想像図

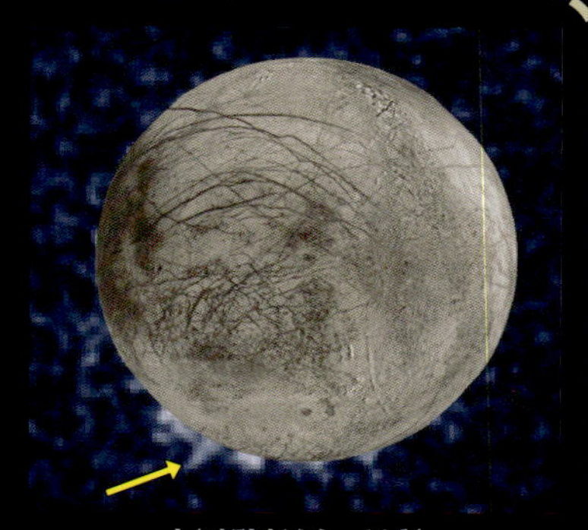
ハッブル宇宙望遠鏡が観測したふき出す水蒸気（矢印）

木星
衛星数：67

土星
衛星数：65

天王星
衛星数：27

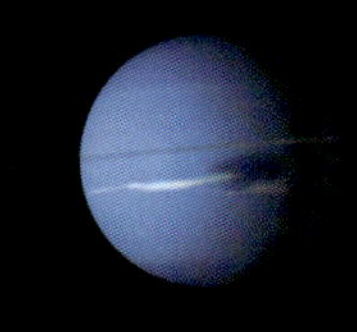

海王星
衛星数：14

土星の衛星

土星も木星と同じ巨大ガス惑星で、大小たくさんの衛星をもっています。美しい環は、板のようなものではなくて、その正体は、無数の小さな氷のかたまりからできています。かんがえ方によっては、この環も衛星といえなくもありません。土星最大の衛星タイタンには、探査機の観測から、生命のいる可能性がかんがえられています。

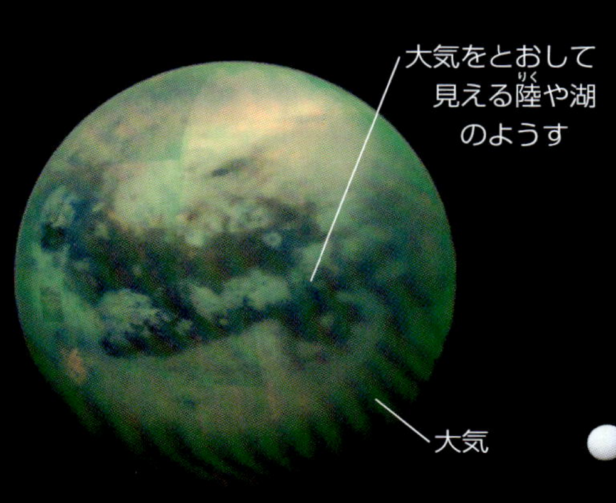

タイタン
直径約5150km。
ちっ素とメタンでできた濃い大気をもち、表面にメタンの湖があることなど、原始の地球の環境と似ているため、生命がいる可能性がかんがえられます。

エンケラドスの内部の想像図
表面をおおう氷
海
核（岩石）
ふき出す塩水

エンケラドス
直径約500km。探査機の観測から、表面の氷の割れ目からふきあがる塩水が観測されています。このことから内部で熱をもつ活動があり、氷の下には海がある可能性があります。

天王星の衛星

直径数十kmくらいの小さな衛星が多い中で、ミランダ、アリエル、ウンブリエル、ティタニア、オベロンの5つは比較的大きめです。どの衛星も表面は凍りつき、クレーターやひびわれがあります。

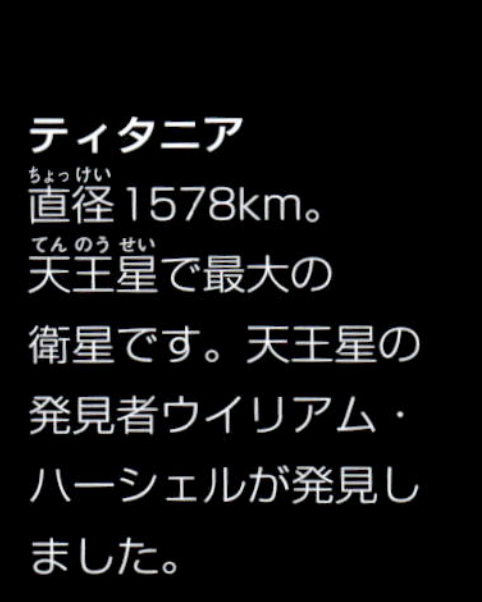

ティタニア
直径1578km。
天王星で最大の衛星です。天王星の発見者ウイリアム・ハーシェルが発見しました。

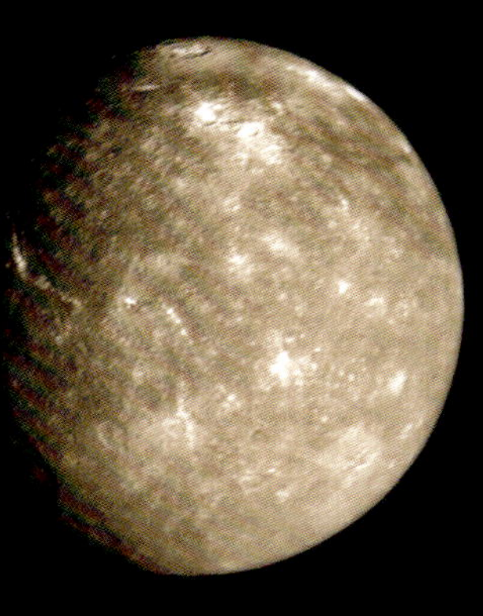

ミランダ
直径472km。
表面にキズが多いことから、こわれた天体がふたたび集まってできた可能性があります。

海王星の衛星

天王星と海王星は、巨大氷惑星です。海王星の最大の衛星トリトンは、直径約2700kmありますが、ほかのほとんどの衛星は小さくいびつな形をしています。また、トリトンもそうですが、海王星の自転と逆向きに公転する衛星がいくつかあります。

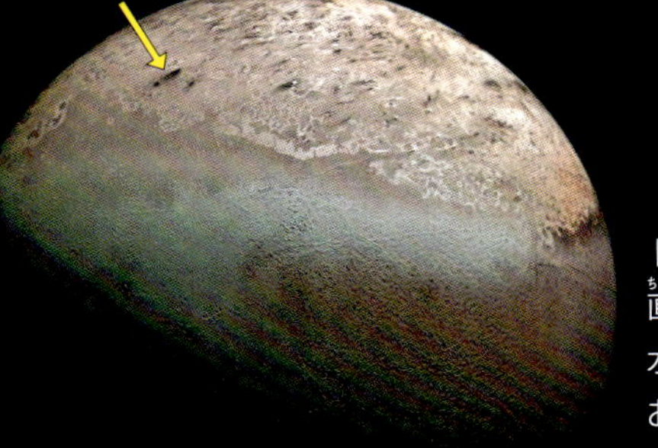

トリトン
直径約2706km。表面は、水、ちっ素、メタンの氷でおおわれています。氷の火山の噴出したあと（矢印）が見られます。

日本人と月

**古代から月は太陽とならび人類にとって特別な存在でした。
それは日本人のわたしたちにも同じです。
月は祈りの対象であり、
古代に生まれた月にまつわる伝説や物語は
現在にも伝えられています。**

お月見の風習

旧暦（月の満ち欠けの変化をもとにした太陰太陽暦）の8月15日の月を「仲秋の名月」とよんで月をながめる風習は、平安時代に中国から伝わりました。日本では、とれたてのサトイモなどの秋野菜を縁側にそなえ、秋の収穫を祝い、自然への感謝の気もちをあらわしました。江戸時代のはじまるころになると、ススキやハギ、オミナエシなどの秋の野草とともに、収穫した米からつくった団子などもそなえるようになりました。おそなえしたススキは、軒下につるしておくと、1年中病気をしないといういい伝えもあります。

月見のおそなえ
十五夜の月は「芋名月」ともよばれ、サトイモの収穫への感謝をあらわしました。お団子は、現在では十五夜に意味づけて15個そなえられます。（古くは12個や13個の時代もありました）

仲秋の名月の十五夜が必ず満月になるとはかぎりません。月の軌道はだ円なので、軌道上の位置によって月が地球をまわる速さは変化します。それが原因で、月齢15日目の月は、いつも満月にはならず、1〜2日ずれることがあります。その場合、少し欠けたお月見となります。

月の神――ツクヨミ（月読命）

日本神話には、太陽の神アマテラスの弟の神として月の神ツクヨミが登場します。ツクヨミは、日本の国土をうみ出した神イザナギの右目から生まれたといわれています。昼を支配するアマテラスのように派手な存在ではありませんが、夜のやみを照らし出し人をみちびくという重要な役割をもつ神です。

月読神社　ツクヨミをまつる神社は日本各地にあります。写真は神奈川県川崎市。

月をよんだ歌（短歌）

右の２首は、月をよんだもっとも古い歌といわれています。この歌がのっている奈良時代の歌集「万葉集」には、太陽の歌22首に対して、月の歌は180首も入っています。左の１首は、「古今集」から。

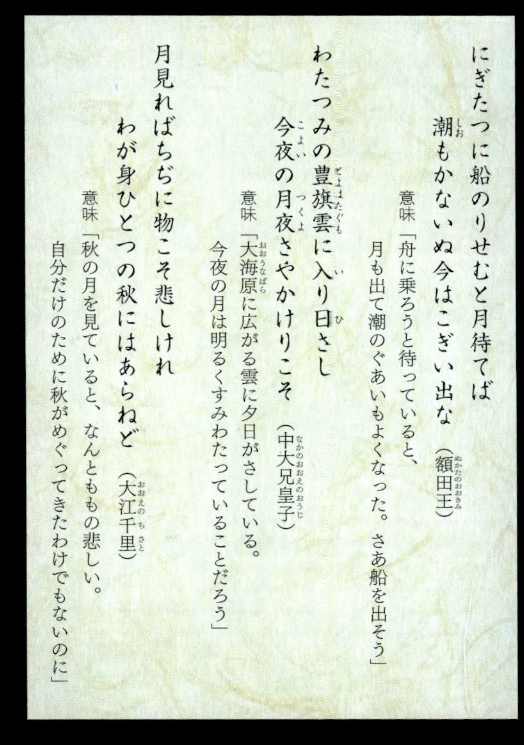

にぎたつに船のりせむと月待てば
潮もかないぬ今はこぎい出な　（額田王）
意味「舟に乗ろうと待っていると、
月も出て潮のぐあいもよくなった。さあ船を出そう」

わたつみの豊旗雲に入り日さし
今夜の月夜さやかけりこそ　（中大兄皇子）
意味「大海原に広がる雲に夕日がさしている。
今夜の月は明るくすみわたっていることだろう」

月見ればちぢに物こそ悲しけれ
わが身ひとつの秋にはあらねど　（大江千里）
意味「秋の月を見ていると、なんとももの悲しい。
自分だけのために秋がめぐってきたわけでもないのに」

絵巻に見る竹取物語

上は、おじいさん、おばあさんに育てられる、かごの中のかぐや姫、
下は、月へかえるかぐや姫との別れの場面。（資料：『竹取物語』国立国会図書館蔵）

竹取物語――月人の物語

平安時代のはじめ（10世紀ごろ）につくられた日本最古の物語で、「かぐや姫」として、現在でも親しまれています。竹やぶでみつけた赤ん坊は、かぐやと名づけられ、おじいさんとおばあさんに育てられ、美しい娘に成長します。しかし、もともと月の住人であった娘は、やがて月へとかえっていくというお話です。このように、月にも地上と同じような人間が住んでいるという発想には、月に対する当時の日本人の思いやあこがれがあらわされているのかもしれません。

月の神々・月の伝説

**大昔から、月は重要な信仰の対象であり、
太陽にならぶ大きな力をもつ神としてあがめられてきました。
その姿の多くは美しい女性として、
あるいは特徴のある動物としてあらわされています。**

ホルス神とトート神
古い時代のホルス神は、ハヤブサそのものの姿であらわされました（上）。
左はヒヒの姿のトート神。

古代エジプトの月の神

古代エジプトでは、太陽と月はハヤブサの姿をした天空を支配するホルス神の両目とされてきました。右目は太陽、左目が月をあらわしています。またトート神も月の神としての役目から夜を守り、知恵と時間を支配していました。その姿はトキやヒヒとしてあらわされています。

ホルス神
ハトシェプスト女王葬祭殿の内部を飾るホルス神（左）とエジプトの王トトメス３世（右）です。
王（ファラオ）には、ホルス神が宿るとされていました。

マヤとティオティワカン

中央アメリカで紀元前から９世紀ごろにかけて栄えたマヤ文明では、太陽、月、金星などの天体観測がさかんで、石造りの大きな天文台もつくられました。ティオティワカンは、６世紀ごろまで栄え、マヤ文明にも大きな影響をあたえました。３世紀ごろにつくられた巨大な月のピラミッドがあります。

マヤの月の神　イシュ・チェル
月の女神であり、洪水や虹、機織り、出産なども司るなどいろいろな役目をもっていました。

ティオティワカン遺跡の月のピラミッド
近くには太陽のピラミッドもあります。幾何学的に設計された宗教都市の遺跡で、当時の宇宙にたいする考え方が反映されていたのかもしれません。

古代文明では、繁栄や衰退、侵略のような政治的な理由によって、神々の地位や役割がかわることがよくあります。

古代ギリシャ──月の女神

古代ギリシャでは、メソポタミアから受けついだ天文学を、独自に科学的に発展させました。また、神話も古代ギリシャや周りの地域の神話や伝説がまとめられ、星座ともむすびついて、現在も星座名としてつかわれています。ギリシャ神話に登場する月の女神はセレーネーといい、月を支配し、動物や植物の繁殖を司るといわれています。また、もとは狩猟の神であったアルテミス（ローマ神話ではディアーナ）も、のちに月の女神の役割を担うようになりました。

月の女神セレーネー
三日月をいだくセレーネーはローマ神話ではルナーとよばれています。
左は「宵の明星（金星）」を司るヘスペロス、右は「明けの明星」を司るポースポロス。
また、JAXAが開発し、月を探査した「かぐや」の正式名称は「SELENE」と名づけられています。（パリ、ルーブル美術館蔵 2世紀）

「エンデュミオーンとセレーネー」
セレーネーがエンデュミオーンという青年にひとめぼれをした場面。セレーネーは月の冠をつけています。セバスティアーノ・リッチ作。
（ロンドン、チズウィックハウス蔵 18世紀）

◆月に住む美女──嫦娥

中国の古い伝説には、月に住む嫦娥という美女が登場します。もとは仙女でしたが、地上に下りたため不死身の力を失います。しかし、あるときに「不老不死」の薬をぬすんで月に逃げ、宮殿を建てて、くらしはじめました。たまに、気に入らない客がくるとみにくいガマガエルの姿に変身するそうです。

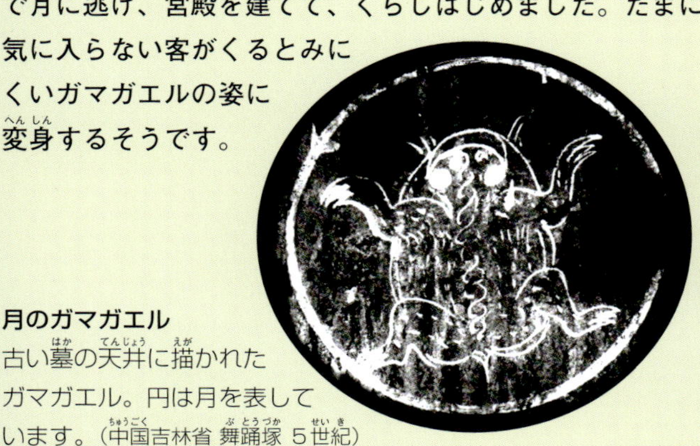

月のガマガエル
古い墓の天井に描かれたガマガエル。円は月を表しています。（中国吉林省 舞踊塚 5世紀）

「月百姿 月へ走る 嫦娥」
『不老不死』の薬をもって、いままさに月へと逃げる場面です。嫦娥は月の神として見られることもあります。（月岡芳年 画）

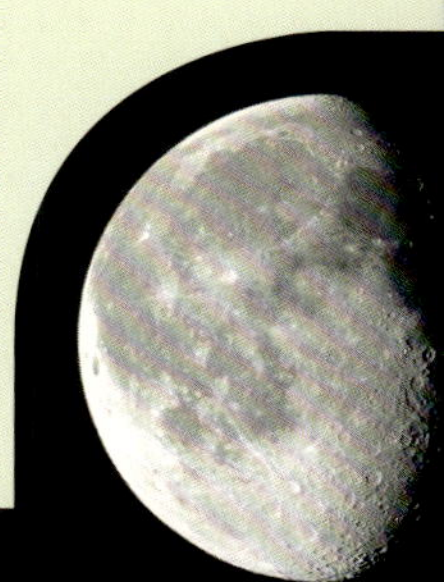

月に魅了された人々 ①

昔から月は、宇宙への夢や知識のとびらを開いてくれるもっとも身近な天体でした。天文学者たちは月の観察からえた知識で宇宙について考え、文学者や芸術家は月への旅行に思いをはせました。

月に望遠鏡を向けた**ガリレオ**

16世紀から17世紀にかけて活躍したイタリアのガリレオ・ガリレイは、物理学や天文学で偉大な業績を残した大学者です。17世紀はじめ、オランダで望遠鏡が発明されたといううわさをきくと、ガリレオはさっそく自分で改良をくわえた望遠鏡を製作し、それを天空の月へと向けました。そこで彼はおどろくべき発見をします。それまで、すべすべしてキズひとつない完全な球体とかんがえられていた月の表面に、でこぼこしたクレーターがあったからです。ほかにもガリレオは、太陽の黒点、木星をまわる4衛星、天の川が無数の星の集まりであることなどを発見し、それまでの伝統的な宇宙についてのかんがえ方を大きく変えた改革者となりました。

ガリレオが製作した望遠鏡
対物レンズに凸レンズ、接眼レンズに凹レンズがつかわれている屈折式です。

ガリレオ・ガリレイ（1564〜1642）
地球が宇宙の中心と唱える「天動説」に対し、コペルニクス（1473〜1543）が唱えた、惑星は太陽の周りをまわるという「地動説」を支持して、教会から迫害を受けました。

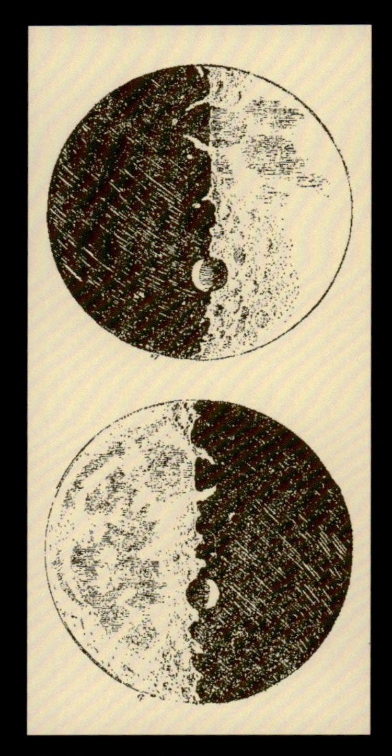

ガリレオの月面図
『星界の報告』にのっている望遠鏡で見た月面。上が上弦、下が下弦のころでしょうか。

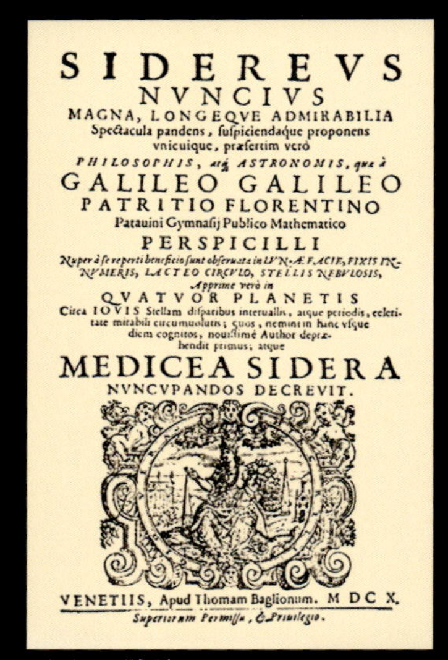

SIDEREVS
NVNCIVS
MAGNA, LONGEQVE ADMIRABILIA
Spectacula pandens, suspiciendaque proponens
vnicuique, præsertim verò
PHILOSOPHIS, atq; ASTRONOMIS, quæ à
GALILEO GALILEO
PATRITIO FLORENTINO
Patauini Gymnasij Publico Mathematico
PERSPICILLI
Nuper à se reperti beneficio sunt obseruata in LVNÆ FACIE, FIXIS IN-
NVMERIS, LACTEO CIRCVLO, STELLIS NEBVLOSIS,
Apprime verò in
QVATVOR PLANETIS
Circa IOVIS Stellam disparibus interuallis, atque periodis, celeri-
tate mirabili circumuolutis; quos, nemini in hanc vsque
diem cognitos, nouissimè Author depræ-
hendit primus; atque
MEDICEA SIDERA
NVNCVPANDOS DECREVIT.
VENETIIS, Apud Thomam Baglionum. M DC X.
Superiorum Permissu, & Priuilegio.

『星界の報告』（1610年）
ガリレオの最初に出した本。月や太陽、金星、天の川など、ガリレオが望遠鏡で観察した新発見について述べられています。

月のスケッチ
ガリレオが1616年に描いたといわれている美しい水彩のスケッチです。

ジュール・ヴェルヌの夢

アポロ計画で人類が月面に立つおよそ100年前、フランスの作家ジュール・ヴェルヌは『月世界旅行』という小説を発表しました。3人の男が乗りこんだ巨大な砲弾を巨大な大砲で月に打ちこみ、ふたたび地球にもどってくるというお話の中に、当時の最先端の科学知識に加え、アポロ計画にもつながる予言的な内容が数多くふくまれています。作者は尊敬の意味を込めて「SF（科学小説）の父」とよばれています。

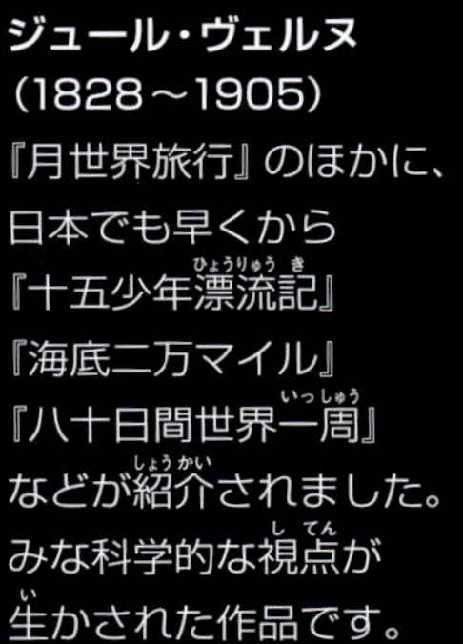

ジュール・ヴェルヌ
（1828～1905）
『月世界旅行』のほかに、日本でも早くから『十五少年漂流記』『海底二万マイル』『八十日間世界一周』などが紹介されました。みな科学的な視点が生かされた作品です。

『地球から月へ』の表紙
『月世界旅行』の前半にあたる本の表紙で、『地球から月へ』という題名で、先に出版されました。

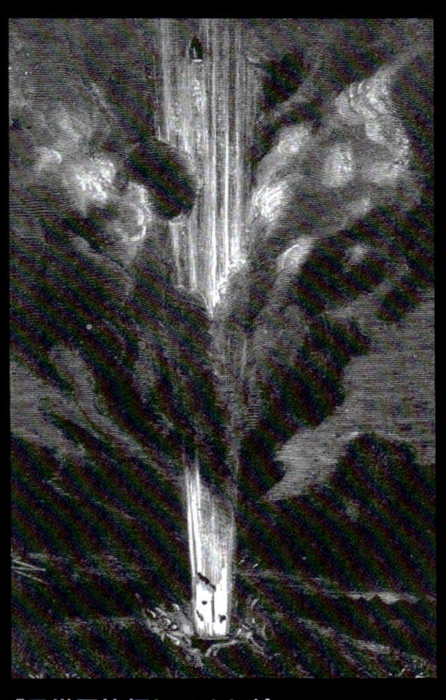

『月世界旅行』のさし絵
巨大大砲で、月に向けて発射した場面（左）と、飛行中の砲弾型の宇宙船（右）。

映画になった『月世界旅行』

フランスの映画監督のジョルジュ・メリエスは、ヴェルヌの小説などをもとに、多くの幻想的な要素を加えた映画『月世界旅行』（1902年）を発表しました。メリエスが活躍したのは映画ができたばかりの時代で、彼が生み出したさまざまな撮影の技法は、SFX（特殊撮影技術）の基礎になりました。

ジョルジュ・メリエス
（1861～1938）

『月世界旅行』の場面
①月に砲弾型宇宙船がつきささる。②月で眠りについた乗組員の夢に、おどる星座や月人があらわれる。③月から地球へもどるために、砲弾型宇宙船を崖から落下させる場面。

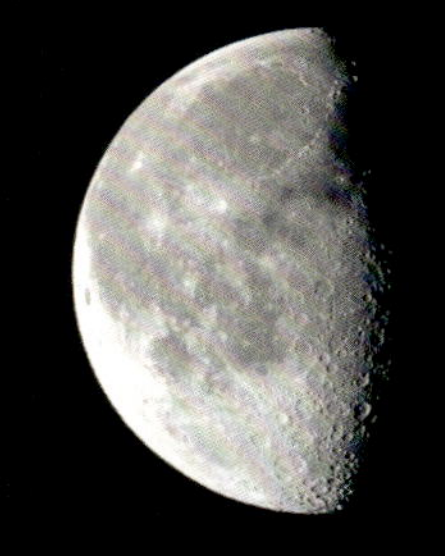

月に魅了された人々 ②

「鎖国」の状態にあった江戸時代においても、
ポルトガルやオランダとの貿易を介して、
ヨーロッパの自然科学の知識が日本にもたらされました。
中には最新の天文学もふくまれ、
日本のすぐれた学者たちに大きな刺激をあたえました。

一貫斎の日本初の反射望遠鏡
何台もつくったうちの最初のもので、球関節で鏡筒が動きます。月や太陽の黒点の観測もおこないました。
（上田市立博物館蔵）

国友一貫斎（1778～1840）
国友藤兵衛ともいい、日本初の空気銃、測量器具、自動給油ランプなどを発明し、自転車づくりにも挑戦しました。
（国友一貫斎文書 / 長浜城歴史博物館）

江戸の天文学者、発明家

江戸時代には、初の国産の暦をつくった渋川春海（1639～1715）をはじめ、数学で暦の研究をした関孝和（1642～1708）、「地動説」や太陽系のでき方にまで関心を向けた志筑忠雄（1760～1806）など、多くのすぐれた学者が天文学の発展に貢献しました。一方、技術の分野でかがやきを見せたのが国友一貫斎です。彼は鉄砲鍛冶職人としての技術を生かし、伝来したばかりの「反射望遠鏡」づくりに挑戦し、見事に完成させると天体観測もおこないました。残された月のスケッチは、一貫斎の望遠鏡の優秀さを物語っています。

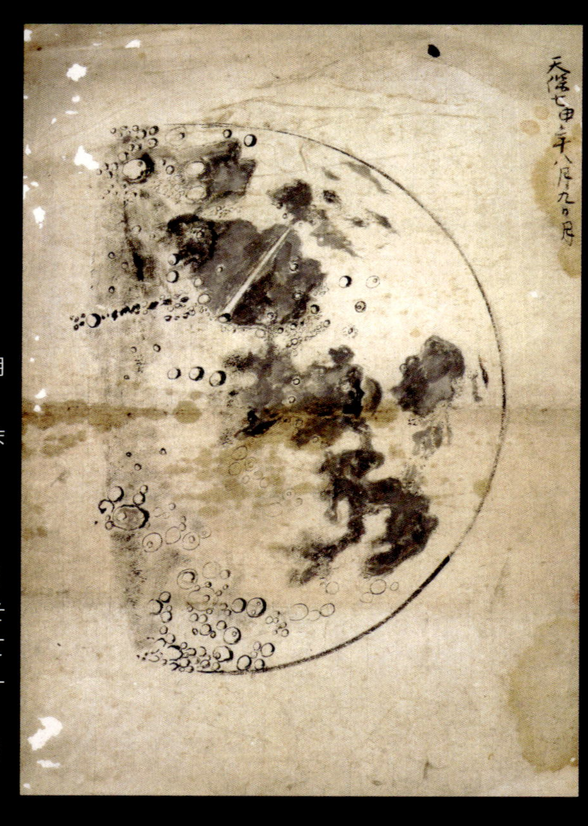

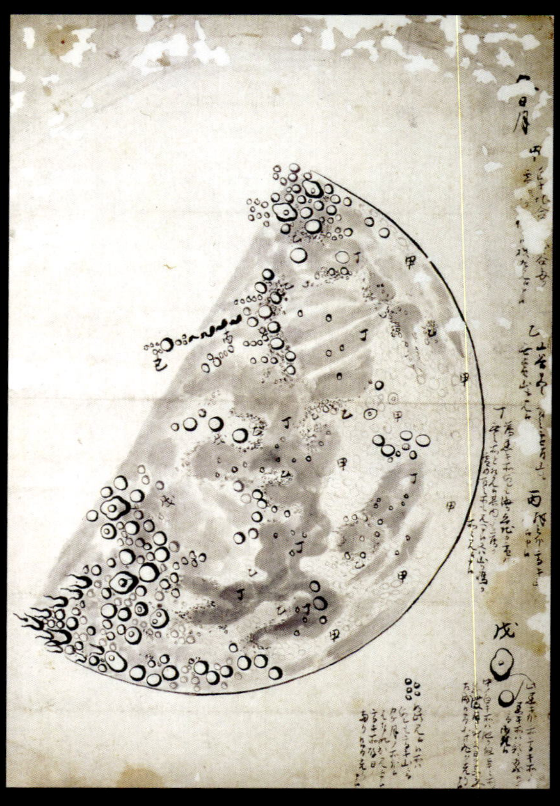

一貫斎の月面観測図

左：
天保７年（1836年）８月９日の月のスケッチで、海や大小のクレーターまで描かれています。

右：
月面に「甲、乙、丙、丁」の文字をふり、右側にその場所の特徴が記録してあります。右下はクレーターについてのメモ。
（国友一貫斎文書 / 長浜城歴史博物館）

江戸の「天文同好会」

江戸時代にも、いわゆる専門家ではない天文ファンのつどいがありました。たとえば、京都の医師橘南谿の家には、望遠鏡職人の岩橋善兵衛のつくった望遠鏡がもちこまれ、京都にすむ知識人たちがあつまり、しばしば天体観望会が行われました。望遠鏡は月や太陽、惑星、天の川などに向けられ、そのときのようすは書物にも残されています。

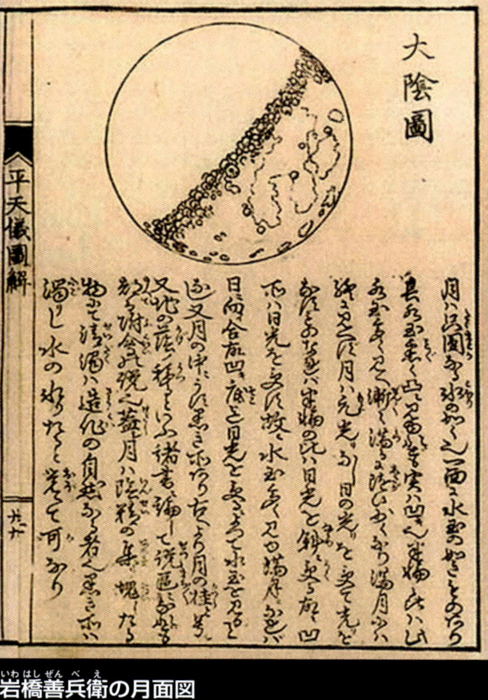

岩橋善兵衛の月面図

『天文捷径　平天儀図解』に著された月の図。善兵衛は望遠鏡の製作と販売を専門におこない、天文学者や大名たちにもつかわれました。（国立天文台蔵）

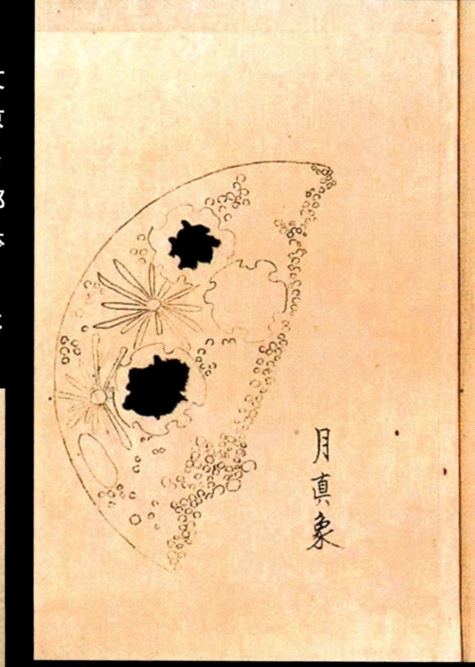

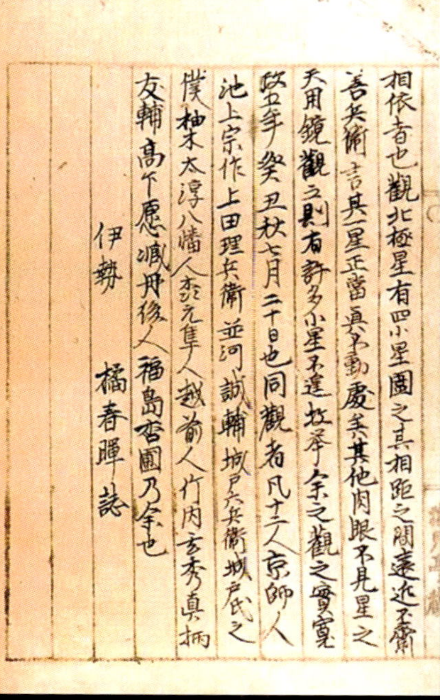

橘南谿の月面図

南谿が著した『望遠鏡観諸曜記』の月面図には、海（黒い部分）やクレーター、クレーターからのびる光条（衝突で飛びちったあと）も描かれています。（国立天文台蔵）

くらしの中の暦

古くから暦は、国を治めるものだけが独占した秘密情報でした。しかし、江戸時代になると幕府が許可した生活に必要な部分だけを抜き出した暦がつくられ、人々のくらしの中で利用されました。

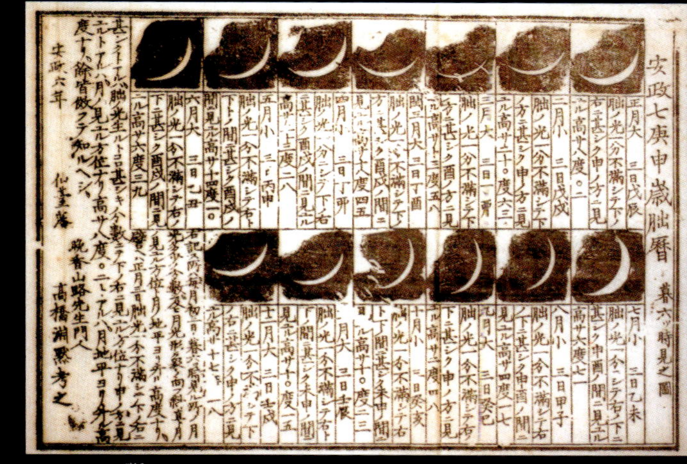

「みかづき暦」

仙台藩でつくられた安政7年（1860年）の暦です。
毎月の3日の干支と、同じ時刻の三日月のようすが描かれています。（国立天文台蔵）

錦絵にあらわれた皆既日食

錦絵は、江戸から明治にかけてつくられた多色刷りの浮世絵版画です。明治に入ると、日食や大彗星の出現など、重大な天文現象を知らせる錦絵も登場しました。

左は、明治20年（1887年）8月19日の本州では101年ぶりの皆既日食を知らせる錦絵。
右は、明治16年（1883年）10月31日の金環日食。（国立天文台蔵）

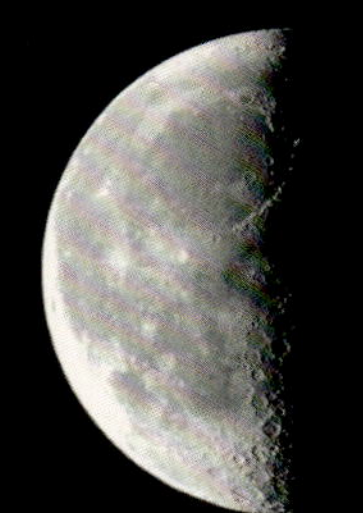

浮世絵に描かれた月

古くから日本人は、月の神秘的な美しさにひかれて、絵画や芸術作品にその姿をとどめています。とくに大衆文化でもあった浮世絵に数多く登場する月を見ると、月がいかに人々に親しまれる存在であったかがわかります。

「名所江戸百景　猿わか町夜の景」（歌川広重）
江戸の吉原近くの街のにぎわいが描かれています。夜空にはくっきりとした満月がかかっています。

浮世絵と江戸時代の生活

浮世絵とは、江戸時代から明治の初めにかけて描かれた当時の人々の日常の生活や、芝居の場面、名所の風景、伝説などを題材にした肉筆（手描き）画や版画です。版画は大量に刷られ、一般の人々に人気を博しました。現代の本の挿絵、有名人のブロマイド、ポスターのような役割もありました。

「東都名所　新吉原」（歌川国芳）
「月暈」という、大きな暈をかぶった月が描かれています。低気圧の前に出るうすい雲に月光が反射してできるもので、「雨の前ぶれ」ともいわれる現象です。

「月百姿　玉兎と孫悟空」（月岡芳年）
美女に化けて悪さをしようとしたウサギ（玉兎）を、孫悟空があばき、ウサギが正体をあらわした場面。

「月百姿　源氏夕顔巻」（月岡芳年）
「源氏物語」の一場面。
十五夜の宵に主人公の光源氏の前にあらわれた亡霊が描かれています。

「月夜と木賊にうさぎ」（歌川広重）
２羽のウサギがのんびり月見をするという、ユーモラスな絵です。木賊は、ひょろっと生えている植物

名所江戸百景
猿わか町よるの景
廣重画

いろいろな月をさがせ！

さまざまな人や動物に見える月の模様。国を象徴する国旗に使われた月。日本の家々に代々伝わる家紋の中の月。月に見立てた食べものなど、わたしたちの身のまわりで見る、いろいろな月を集めてみました。

何に見える？

日本では昔から、月の模様は「ウサギのもちつき」に見立てられています。しかし、地域や文化が異なると、同じ模様でも、いろいろちがって見えてくるようです。ここには、「なるほど」と思える例をあげてみました。みなさんなら、どんなものに見立てますか？

ウサギのもちつき（日本）

ウサギ（中国、インドほか）

月面の濃く見える部分に色をのせて形がわかりやすくしたものです。ガマガエルは下側の色のない部分の形をみます。

カニ（南ヨーロッパ、中国）

ガマガエル（中国）

ほえるライオン（アラビア圏）

ロバ（南アメリカの一部）

ワニ（北アメリカ南部、インド）

女性の顔（東ヨーロッパ、北アメリカ北部）

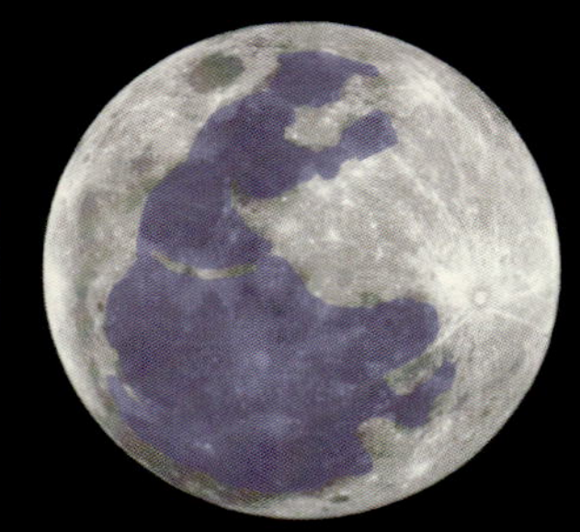

本を読むおばあさん（北ヨーロッパ）

まきをかつぐ人（ドイツ）

国旗の中の月

月の国旗は15くらいあります。三日月は、その国の宗教のシンボルであったり、国のこれからの発展をあらわしたりしています。満月には収穫や、くり返す自然への思いが込められているようです。

シンガポール（月と星）

チュニジア（月と星）

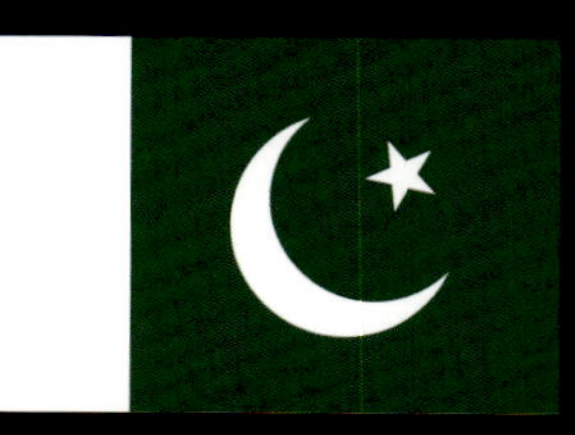

パキスタン（月と星）

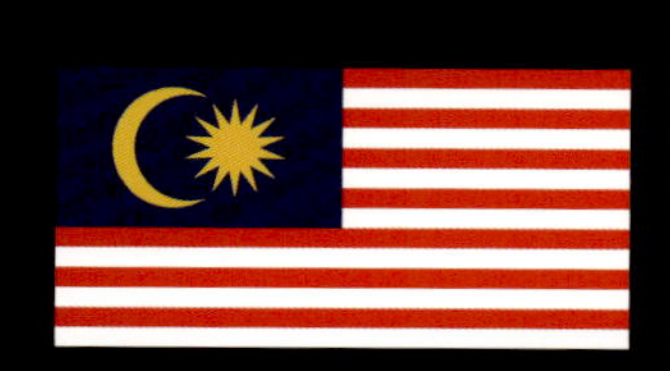

マレーシア（月と星）

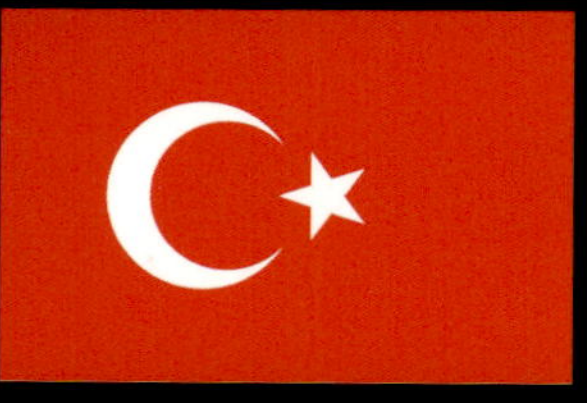

トルコ（月と星）

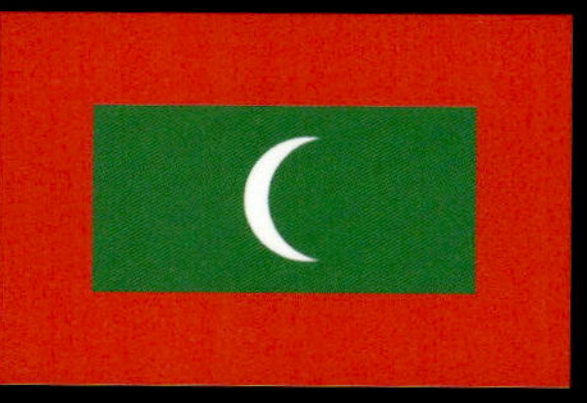

モルディブ（月）

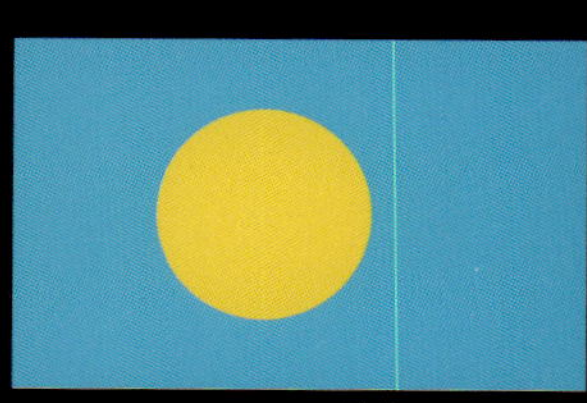

パラオ（満月）

家紋にも月が人気！

家系（家々の歴史）を表す家紋は、平安時代の後半、公家たちの間で流行し、のちに武家や庶民の間にも広まりました。家紋は家具や調度品、着物、墓石などにその家のシンボルとして使われ、現在もその風習は残っています。月も人気の図案で、いろいろなものとの組み合わせで使われています。

半月

月と水

月に雲

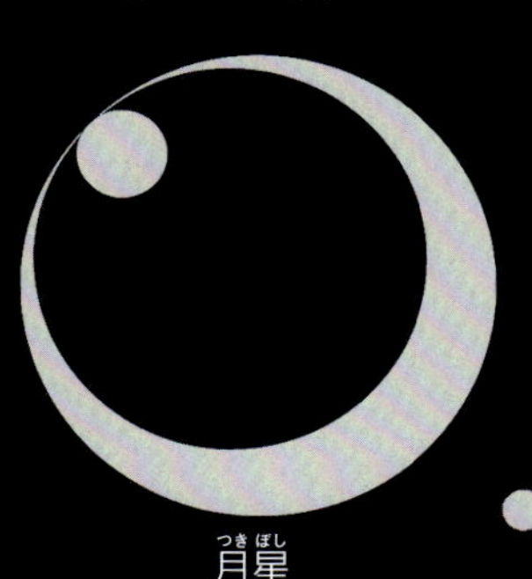

月星

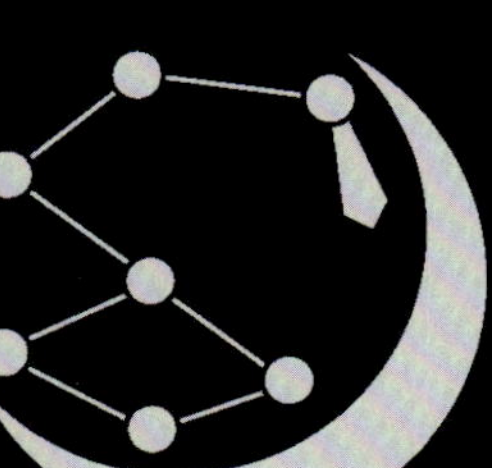

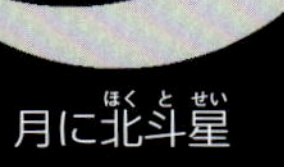

月に北斗星

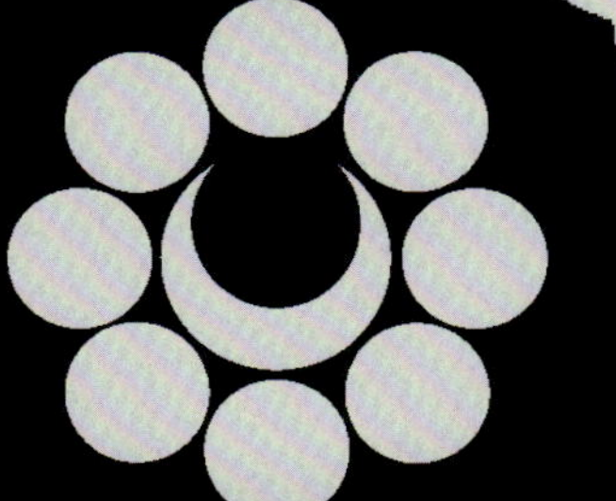

月に八曜（八つの星）

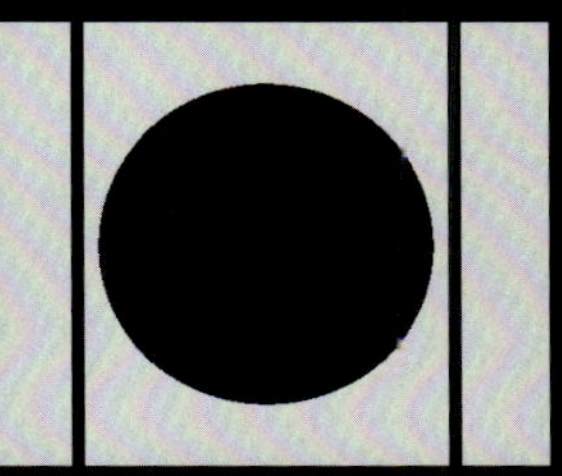

連子（格子）に月

月ではない体についた「月」

胸や肺などの漢字についた月は「肉月」といいます。じつは、天体の月とは関係なく「肉」の字が偏になるとき「月」と同じ形になったもので、多くは体に関係した文字に使われています。
（本来の月を意味する月偏とは、別ものです）

胸（むね） 腹（はら） 腰（こし） 脈（みゃく） 肩（かた） 肺（はい） 肝臓（かんぞう） 胃（い） 腸（ちょう）

月にちなんだ食べもの

形やようすを月に見立てた食べものも世界中にあります。この3つもその代表です。

月餅

中国の旧暦8月15日の「お月見」の日に供える満月の形をしたまんじゅう形の食べもの。中身は、あん、木の実、肉などいろいろな種類があります。

月見そば（うどん）

そばやうどんにわり入れた卵の黄身を満月に見立てて、この名がつきました。（関東ではそば、関西ではうどんが多いようです）

クロワッサン

17世紀、ウィーンに攻め入ったトルコ軍を破ったことを記念して、トルコ国旗の三日月になぞらえてパンをつくったのが始まりといわれています。

ロケット開発の巨人たち

現在、月や惑星にたくさんの探査機がおとずれ、宇宙の研究はかがやかしい成果をあげています。これらの宇宙開発をリードしてきたのは、強い信念のもとに、大きな困難に立ち向かいながら理想を求めつづけた天才たちでした。

宇宙旅行学の父 ツィオルコフスキー

ロシア生まれのコンスタンティン・ツィオルコフスキーは、ロケットをつかった宇宙旅行の可能性を理論的に証明した人物で「宇宙旅行学の父」とよばれています。液体燃料ロケット、多段式ロケット、人工衛星など、数多くのアイデアを発表し、その後の世界の研究者に大きな影響を与えました。

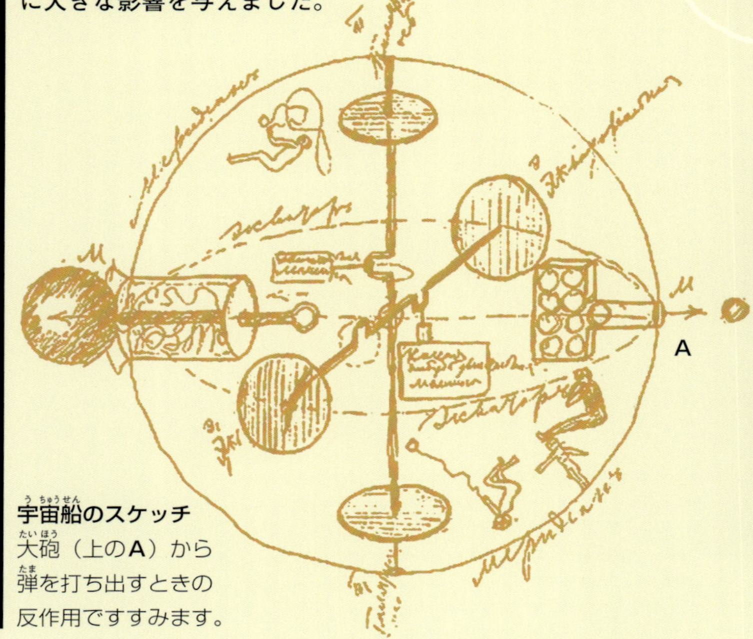

宇宙船のスケッチ
大砲（上のA）から弾を打ち出すときの反作用ですすみます。

ツィオルコフスキー（1857～1935）
聴覚の障がいをのりこえ重要な研究をおこないました。

液体燃料ロケットの開発 ゴダード

アメリカで生まれたロバート・ゴダードは、少年のころジュール・ヴェルヌなどの小説を読み宇宙旅行を夢見ていました。研究者になってからは、ツィオルコフスキーに影響を受け、世界ではじめての液体燃料を使ったロケットを製作し「近代ロケットの父」とよばれています。

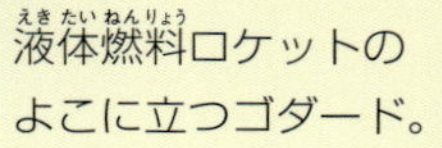
液体燃料ロケットのよこに立つゴダード。

ゴダード（1882～1945）
研究室でロケットを製作中。

惑星旅行の夢 オーベルト

ハンガリーで生まれたヘルマン・オーベルトは、ロケットの理論家で、ツィオルコフスキーやゴダートらのロケットのかんがえを世の中に広め、多くの若者に宇宙旅行の夢をあたえました。のちに、アポロ計画で活躍するフォン・ブラウンも一時期オーベルトの助手をしていました。

オーベルト (1894～1988)
少年のころの彼も、
ジュール・ヴェルヌの大ファンでした。

ソヴィエトの宇宙開発を指揮 コロリョフ

1957年10月、ソヴィエト連邦（現在のロシアほか）セルゲイ・コロリョフは、世界初の人工衛星スプートニク１号の打ち上げを指揮して成功させました。その後、世界初の有人宇宙飛行や最初の女性の宇宙飛行、さらに最初の宇宙遊泳なども成功させました。

コロリョフ (1906～1966)
ソヴィエトの宇宙開発を
強い意志と行動力でリードしました。

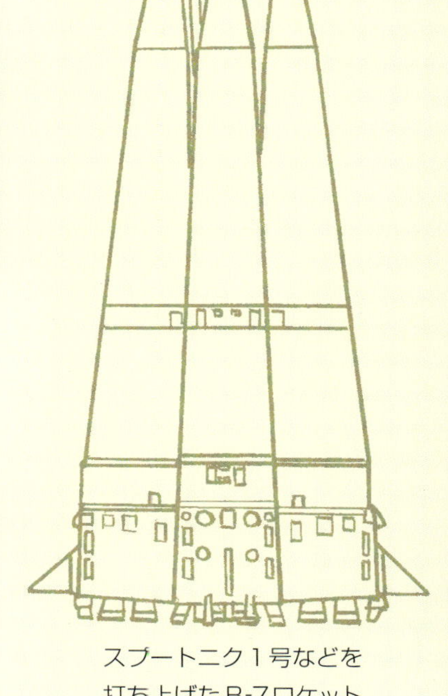

スプートニク１号などを
打ち上げたR-7ロケット

フォン・ブラウン (1912～1977)
後ろはアポロ宇宙船を打ち上げたサターンⅤ型ロケットのエンジン。

V2ロケットの打ち上げ
フォン・ブラウンがドイツ時代に
開発しました。

アポロ計画の立役者 フォン・ブラウン

ドイツに生まれたウェルナー・フォン・ブラウンは、少年のころから「月や宇宙へ行く夢」をもっていました。第二次大戦中、ロケット研究をしていた彼は、戦争がおわるとアメリカにわたり、自分のロケット技術をもとにアメリカの宇宙開発のリーダーとなり、アポロをはじめ数々の計画に貢献しました。

月への挑戦

アポロ11号の打ち上げ
1969年7月16日、史上最大のロケット、サターンVで、打ち上げられました。サターンVは、アポロ計画では全部で12回使われました。

月をめざしたおもな探査機

第二次大戦後の世界は、アメリカ合衆国ひきいる資本主義陣営と、ソビエト連邦がひきいる共産主義陣営に二分されました。この「冷戦時代」の1950年代後半から1970年代前半にかけて、月探査の一番乗りもアメリカ合衆国とソビエト連邦の両大国によって激しい開発競争がくりひろげられました。その結果、いずれも大きな成果をあげましたが、一方で、事故によって宇宙飛行士の貴重な命も失われています。現在では、日本をはじめ、欧州宇宙機関（ESA）、中華人民共和国、インドなどが月探査に参加しています。

ルナ2号（ソビエト）

ルナ3号（ソビエト）

レンジャー計画の
3～5号のモデル
（アメリカ）

サーベイヤー計画のモデル
（アメリカ）

アメリカ合衆国大統領ジョン・F・ケネディ。
1961年、人類の月着陸計画を発表しました。
（68ページ参照）

【ルナ計画】

ソビエト連邦（現在のロシアほか）が1959年から1976年の間に行った無人の月探査計画。ルナ1号からルナ24号までを月へ送りました。

●**ルナ1号**（ソビエト）1959年1月2日に打上げられた無人月探査機。世界で最初に月に衝突させる目的で打ち上げられましたが、衝突は失敗に終わり、月面から約6000kmのところを通過したあと、太陽系の軌道に乗り、現在もまだ地球と火星の間の軌道で太陽の周囲をまわっています。月の磁場の調査をし、太陽風の存在を初めてとらえました。

●**ルナ2号**（ソビエト）1959年9月12日打ち上げの無人月探査機。14日に月の晴れの海の西側に衝突し、初めて月へ到達した宇宙船になりました。

●**ルナ3号**（ソビエト）1959年10月4日打ち上げの無人月探査機。世界で初めて月の裏側の撮影に成功しました。

【レンジャー計画】

アメリカは、アポロ計画の前段階として、1961年3月23日の1号から1965年まで、3段階にわけて、全部で9号までの無人探査機を打ち上げました。6号までは失敗つづきでしたが、7号から9号までが成功し、月を近くから撮影しました。

●**ルナ9号**（ソビエト）1966年1月31日打ち上げの無人月探査機。世界で初めて月への軟着陸に成功しました。

●**ルナ10号**（ソビエト）1966年3月31日打ち上げの無人月探査機。世界で初めて月をまわる軌道にのり、月の人工衛星になりました。

【サーベイヤー計画】

レンジャー計画を受けつぎ、1966年5月30日、無人月探査機サーベイヤー1号が打ち上げられ、月の嵐の大洋の南西地点に着陸しました。サーベイヤー計画は、全部で7回、7号まで打ち上げられ、2号と4号以外は、月面への着陸に成功しました。

【アポロ計画】

NASA（アメリカ航空宇宙局）が、1960年代前半から1972年にかけて行った、史上初めて月へ人類を送る計画。アポロ1号から、1972年の17号までつづけられました。（1967年1月27日、アポロ1号は発射台上での事故で失敗に終わり、3名の宇宙飛行士が亡くなりました。その後、アポロ計画は6号までは無人で行われ、7号から17号までが有人探査機として打ち上げられました）

●**アポロ8号**（アメリカ）1968年12月21日に打ち上げられた有人月探査機。世界で初めて人類が月の軌道をまわることに成功しました。

【ルナー・オービター計画】

アメリカが行ったアポロ計画にそなえて、おもに月の地図をつくるための無人月探査機です。1966年8月10日から翌年の8月1日までに合計5機が打ち上げられ、月面のほとんどの撮影に成功しました。

●**ルナ13号**（ソビエト）1966年12月21日に打ち上げられた無人月探査機。月面に軟着陸し、パノラマ写真を撮り、月面の砂（レゴリス）の調査も行いました。

●**アポロ10号**（アメリカ）1969年5月18日に打ち上げられた有人月探査機。月をまわる軌道上で、次回の月面着陸のための月着陸船の試験を行いました。

●**アポロ11号**（アメリカ）1969年7月16日に打ち上げられた有人月探査機で、アポロ計画の目標であった人類の月面着陸に成功しました。月面に最初の一歩を標したアームストロング船長は「これは一人の人間にとっては小さな一歩だが、人類にとっては偉大な飛躍である」と語りました。

●**アポロ13号**（アメリカ）1970年4月11日に打ち上げられた有人月探査機。打ち上げの2日後、月へ向かう途中で酸素タンクが爆発事故を起こし計画は中止。3人の乗組員とNASAの指令センターとのチームワークでみごとに危機をのりこえ、無事地球にかえってきました。

●**ルナ16号、20号、24号**（ソビエト）16号は1970年9月12日、20号は1972年2月14日、最後のルナ計画となった24号は、1976年8月9日に打ち上げられました。3機の無人月探査機は月面への軟着陸に成功し、ロボットアームでレゴリスを採集したのち、カプセルに積んで地球にもちかえりました。

●**ルナ17号、21号**（ソビエト）17号は、1970年11月10日、21号は、1973年1月8日に打ち上げられた無人月探査機です。どちらも、ルノーホートというリモコンで動く月面車（ローバー）が積まれていて、月面に下りると、合計で80km近い距離を動きまわり、写真撮影や月表面の調査をしました。

●**アポロ14号、15号**（アメリカ）どちらも有人探査機で、14号は1971年1月31日、15号は1971年7月26日に打ち上げられました。14号は、月面上で初のカラー写真撮影を行い、15号は初めて月面車を使って地質学的調査を行いました。

●**アポロ17号**（アメリカ）1972年12月7日に打ち上げられたアポロ計画最後の有人月探査機。乗組員は、現在のところ月に行った最後の人類です。

●**ひてん**（日本 宇宙科学研究所）1990年1月24日に打ち上げられた無人の

アポロ11号（アメリカ）の宇宙飛行士たち
左からアームストロング船長、コリンズ、オルドリン。

アポロ14号（アメリカ）
飛行士の乗った司令船は、最後はパラシュートで海に着水しました。

月の上空を飛行するアポロ16号（アメリカ）の司令船

アポロ17号
月面に立つサーナン飛行士。
アポロ計画最後の有人月面着陸となりました。

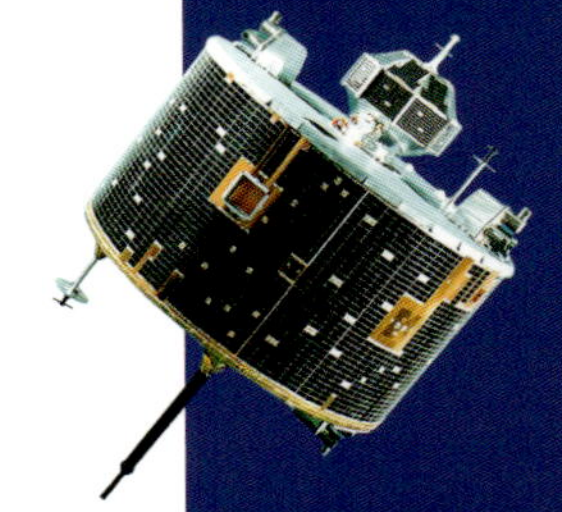

ひてん（日本）
日本初の工学実験衛星。アメリカ、ソビエト連邦について、世界で3番目に月に向かった人工衛星です。

クレメンタイン（アメリカ）の想像図
アメリカにとって20年ぶりの月探査機でした。

ルナー・プロスペクタ（アメリカ）
打ち上げ前の点検作業中のようす。

かぐや（日本）の想像図
左右の上に2つの子機がみえます。

ルナ・リコネサンス・オービター（アメリカ）の想像図

工学実験衛星。「ひてん」は日本で初めて月の軌道をまわり、積んであった孫衛星の「はごろも」を切りはなしました。また、地球の大気を利用して飛行体のスピードをコントロールする「エアロブレーキング」という方法の実験に世界で初めて成功しました。

●**クレメンタイン**（アメリカ）1994年1月25日に打ち上げられた無人月探査機。太陽の光のあたらない極地のクレーターの中に、水が氷として存在する可能性が示されました。

●**ルナー・プロスペクタ**（アメリカ）1998年1月6日に打ち上げられた無人探査機。クレメンタインの示した極地の氷（水）の可能性を再び調査しました。

●**スマート1**（欧州宇宙機関 ESA）2003年9月27日に打ち上げられたヨーロッパが初めて月へ送った技術試験用の無人探査機。

●**かぐや**（日本 JAXA）2007年9月14日に打ち上げられた無人月探査機で、アポロ計画以来の高度な月探査となりました。子機の「おきな」「おうな」とともに月の軌道上をまわり、レーダーで深さ50mの地下をさぐり、高度計を使ってくわしい地形も調べました。また、ハイビジョン・カメラに月面の細部や、立体映像がおさめられました。日本名は「かぐや」、正式名称は「SELENE（セレーネ）」といいます。

【嫦娥計画】

中華人民共和国の月面探査計画です。2007年10月24日に1号が打ち上げられ、2014年までに3号まで打ち上げられました。月面の資源と地図製作のための調査が行われ、3号では世界で3か国目となる月面着陸に成功しました。つぎは、月面の砂（レゴリス）や石をもち帰る計画を予定しています。

●**チャンドラヤーン1号、2号**（インド） インド初の無人月探査機で、2008年10月22日に打ち上げられました。月面地図をつくるためのデータを集めたほか、月の水の存在を確かめるため、極地に小型の物体を衝突させ、水蒸気の発生などを観測しました。その結果、月に水（氷）があることが確認されました。「チャンドラヤーン2号」の打ち上げも予定されています。

●**ルナー・リコネサンス・オービター**（アメリカ） アメリカにとって10年ぶりの月探査機で、2009年6月18日に子機「エルクロス」とともに打ち上げられました。将来の有人の月探査の下調べが目的で、50cmの物体を見分けられる高解像度のカメラなどで月面を調査しました。過去に月面衝突や着陸を果たした探査機のあとの鮮明な画像の撮影にも成功しています。

●**グレイル**（アメリカ） 2011年9月10日に打ち上げられた無人月探査機。グレイル-Aとグレイル-Bの2機からなり、高い精度の月の重力の測定や、月の内部構造の調査を行いました。

月に基地をつくる

以前は課題が多かった月に人が住める基地をつくる計画が、月の調査の進歩と科学技術の発展とともに、実現しそうな日がすぐそこまできています。

月の極地付近が月面基地の候補地

なぜ月面基地をつくるのか

月面基地のおもな意義は、月の本格的な調査、月からの天体観測、重力の少ない環境で行う材料開発の研究と実験、月の資源の調査と利用、人類の火星探査の足がかりにすることなどです。月には水、アルミニウム、ヘリウム3（41ページ参照）など、月面基地の建設材料や生活に利用できるものがあることもわかっています。それらの資源を素材にして、3Dプリンターを使って月で建設材料をつくり、基地を建設する計画がねられています。基地の候補地としては、昼夜の変化がなく、陽が当たりつづけ、太陽電池が１日中利用できる極地付近などが考えられています。月面基地の開発には、技術的問題に加えて莫大な費用もかかるので、国際協力が必要になるでしょう。

ESA（欧州宇宙機関）の大規模な月面基地「ムーン・ビレッジ」の完成予想図

風船型の居住空間
もともとビゲロー・エアロスペース社が、商業用宇宙ステーションに利用するために設計しました。写真は実物大の模型です。

月の資源から3Dプリンターでつくる

できるかぎり建築素材の調達や製造を月で行うというかんがえのもとに計画がねられています。レゴリスという月の表面をおおう砂に化学薬品などを加えたものを材料にして、地球から持ち込んだ3Dプリンターで、建物の部品などをつくります。

月面基地の建築材料
よくにた地球の材料で試験的につくり、強度などがテストされました。地球の海を守るための人工のサンゴ礁としても利用されています。

日本でも大学の研究室（山口大学など）とJAXAが協力して、レゴリスのガラス成分から建築材料をつくる独自の研究が進められています。

NASA（アメリカ航空宇宙局）の月面基地計画

ESAと同じようにNASAも、月の素材から3Dプリンターで基地を建設する計画をもっています。材料は月面で動きやすいクモ型ロボット（下）やブルドーザーロボットを使って集めます。ロボットは地球上の砂漠などでテスト運転が行われています。

NASAのクモ型の多目的ロボット「アスリート」

月の南極付近につくられたNASAの月面基地の完成予想図

◆月の「穴」も基地の候補地

2009年、日本の月探査機「かぐや」は、月の表面にたて穴（42ページ参照）を発見しました。このたて穴につづいて地下に広がっていると考えられる溶岩洞も、月面基地の候補地です。月面にふりそそぐ放射線や隕石、きびしい温度変化から宇宙飛行士を守ってくれるからです。

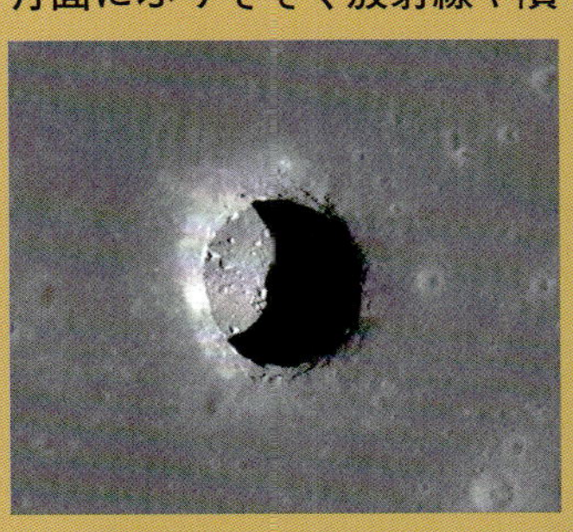

月のいろいろな地域で見つかっているたて穴のひとつ（溶岩洞の出入り口）

「風船型」月面基地計画

NASAとアメリカのビゲロー・エアロスペース社は、風船のようにふくらむ居住空間を使って月面基地をつくる計画もたてています。地球から小さな状態で月まで運び、月面上でふくらませて設置します。

月面基地として使用した風船型の居住空間の完成予想図

月のキーワード事典

本文ページで紹介されている項目についてのまとめや、少しくわしい内容も紹介してあります。月への理解を深めるのに利用して下さい。

アポロ計画

アメリカのNASA（アメリカ航空宇宙局）が、1960年代前半から1972年にかけて行った、史上初めて月へ人類を送る計画。1961年5月25日、アメリカ合衆国大統領ジョン・F・ケネディは、議会で「今後10年以内に人類を月に着陸させ、安全に地球に帰還させるという目的の達成こそが、アメリカが取り組むべきことと信ずる」という演説を行いました。これを合図に計画はスタートします。まず下準備としてマーキュリーやジェミニという有人宇宙飛行計画が行われ、並行してサーベイヤー、ルナー・オービターという月の調査用の無人月探査計画が実行されました。そして1966年、いよいよアポロ宇宙船のシリーズがはじまり、1969年7月20日、アポロ11号によって、とうとう人類は月面におり立ちました。その後、アポロ宇宙船は17号までつづけられ、合計6回の月面着陸を成功させました。（→ 44、62ページ）

恒星月

月が天球上にある星に近づいてから、ふたたびおなじ星の位置にくる約27.3日の周期。（→ 12ページ）

黄道

地球をおおう空を球体とみなして「天球」とよんでいます。地球の公転にともなって、太陽は天球上の星座の間を1年かけてゆっくりと移動します。太陽が天球をぐるりとひとまわりするその道筋を黄道といいます。地球が太陽を公転してできる軌道面を「黄道面」といいます。（→ 12ページ）

クレーター

月のクレーターのほとんどは、およそ41億～38億年前の月に無数の隕石がふりそそいだ時期にできた衝突クレーターです。隕石衝突は現在でもおきていて、真新しいクレーターもみつかっています。（→ 22、24、26、43ページ）

月食

満月の位置関係にある月が、地球の影に入り込む現象。月の全部がかくれる場合を皆既月食、一部の場合を部分月食といいます。（→ 16ページ）

月齢

新月から数えた月の満ち欠けの目安になる日数のこと。新月を0として1朔望月（約29.5日）の間の月の満ち欠けの度合いを示します。（→ 17ページ）

朔望月

新月から始まり、三日月、上弦、満月となり、さらに下弦をすぎて、ふたたび新月にもどる月の満ち欠けの周期。1朔望月は、約29.5日。（→ 17、12ページ）

月の海

月の表面に広がるクレーターの少ない平らで暗い色をした地域で、水はありませんが地球から見ると海のように見えたのでこうよばれています。およそ38億～30億年前、地下から粘り気の少ないマグマがあふれ出して広がり固まった平原です。おもに玄武岩でできています。（→ 28ページ）

月の神（日本）

太陽神と月神がセットになった神話はほぼ世界共通で存在しています。日本では、月の神はツクヨミという男神で、古事記や日本書紀の「国生み神話」の中で、日本の国（島）をつくった男神イザナギによって生み出されたとされています。イザナギの左目からは姉で太陽神のアマテラス、右目からはツクヨミ、そして、鼻からは弟のスサノオが生まれました。この3神は神々の中でももっとも尊い存在とされ「三貴士」とよばれています。日本の神社の御神体として伝わる「三種の神器」のうち、鏡はアマテラス、勾玉はツクヨミ、剣はスサノオを表しています。ツクヨミの役割は、昼を支配するアマテラスに対し、夜が支配する国を治めること（これは黄泉の国をさすという説もあります）。また、月が満ち欠けをくり返すことから、ツクヨミが、生と死をくり返す強い生命力を表しているともいわれています。ツクヨミはアマテラスやスサノオに比べて、古事記や日本書紀に登場する回数は圧倒的に少ないため、謎の多い神でもあります。（→ 49ページ）

月の起源説

月はおよそ45億年前に誕生したと考えられています。古くからさまざまな説が唱えられ、代表的なものとしてつぎの４つがあげられます。

1. **分裂説** 地球から分裂してできた。「親子説」ともいいます。
2. **捕獲説** 地球の近くを通った天体が、地球の引力につかまえられた。
3. **兄弟説** 地球が誕生するときに、近くでいっしょにできた。
4. **ジャイアント・インパクト説** 地球に火星サイズの天体が衝突、そのときとび散ったかけらからできた。

１、２、３については、それぞれ理論的欠点が多くみつかり、現在ではほとんどかえりみられなくなりました。４のジャイアント・インパクト説（巨大衝突説）は、ほかの説の欠点を補うかたちで登場した理論で、完全とはいえないまでも、現在、もっとも支持されています。（→ 20ページ）

太陰暦と太陰太陽暦

太陰とは月のことで、月の満ち欠けの周期である朔望月を基準につくられた暦。１朔望月は約29.5日。そこで29日と30日の月を組み合わせた12か月間の354日を１年としています。しかし、太陰暦の１年は地球が太陽を１周する約365日よりも11日ほど短いので、何十年もするとずれは大きくなり、暦の上の季節と実際の季節は合わなくなります。この問題を改善するために、約３年ごとに一度、１か月余分な「閏月」を入れるなどして季節のずれを解消した暦がつくられました。これを「太陰太陽暦」といいます。日本では古く中国から伝わった太陰太陽暦が使われていましたが、江戸時代になると渋川春海（1639～1715）の「貞享暦」、渋川景佑（1787～1856）による「天保暦」という日本独自の太陰太陽暦がつくられ、江戸時代末期まで使われました。旧暦ともいい、現在でも、年中行事や占いなどで使われています。（→７ページ）

太陽暦

地球が太陽を１周する周期（太陽年という）を基準につくられた暦。太陽年はおよそ365.242189日なので、単純に１年を365日とすると４年間で約１日のずれが生じます。そこで、ずれを直すために４年に１度「閏日」を入れた「閏年」をもうけています。日本では明治５年から採用され、現在もほとんどの国で使われています。

天の赤道

赤道は、地球の中心を通り、地球の自転軸に垂直な平面が地球の表面と交わってできる線。天の赤道は、その平面（赤道面）を天球上までのばし交わってできる天球を一周する線。

日食

新月の位置関係にある月が、太陽と地球の間に入りこむ現象。太陽と月の中心がぴたりと合って太陽全体が月にかくれる場合を皆既日食、部分的にかくれる場合を部分日食といいます。中心を通っても月がやや遠い場合などは、太陽をかくしきれずに、周囲がリング状にかがやく「金環日食」になります。（→14ページ）

白道

地球を公転する月が、天球の星座の間を約27.3日かけて一周する道筋を白道といいます。地球の公転面（黄道面）に対して、月の公転面は5°ほどかたむいているので、白道も黄道に対して同じだけかたむいています。（→12ページ）

ルナ計画

ソビエト連邦（現在のロシアほか）が1959年から1976年の間に行った無人の月探査計画。ルナ１号からルナ24号までを月へ送りました。ルナ２号は、月面に衝突させたことで世界で初めて月面までいった宇宙船となりました。ルナ３号は、世界初の裏側の撮影に成功、ルナ９号は、世界初の月面への着陸に成功。その後も、無人機での月面の調査（16号）、無人機による月の土壌の持ち帰り（16号、20号、24号）など、おどろくべき成果をあげました。（→ 45、63ページ）

さくいん

ア

カ

サ

●監修

吉川 真（よしかわ・まこと）

1962年栃木県生まれ。1989年、東京大学大学院理学系研究科博士課程修了。
宇宙航空研究開発機構（JAXA）/宇宙科学研究所（ISAS）准教授・理学博士。
火星探査機「のぞみ」、小惑星探査機「はやぶさ」、電波天文衛星「はるか」などに関わる。
現在は、小惑星「リュウグウ」に向けて飛行中の「はやぶさ2」のミッション・マネージャとしてプロジェクトの取りまとめを行う。
また、天体の地球衝突問題（スペースガード）にも取り組んでいる。
著書や共著書に『天体の位置と運動 シリーズ現代の天文学第3巻』日本評論社、『天文学への正体』朝倉書店、
『小惑星衝突』ニュートンプレスなどがある。

●構成・文

三品隆司（みしな・たかし）

1953年愛知県生まれ。科学ライター、編集者、イラストレーター。
医学、天文学など、自然科学を中心とした書籍の企画、編集、執筆に携わるほか、美術史、民俗学への造詣も深い。
著書や共著書に『スペース・アトラス』、『アインシュタインの世界』、『いちばんわかりやすい解剖学』以上 PHP 研究所。
『雪花譜』講談社カルチャーブックス。『柳宗民の雑草ノオト』毎日新聞社/ちくま学芸文庫。『歌の花、花の歌』明治書院。
『星空の大研究』岩崎書店などがある。

●写真

上田市立博物館、国立国会図書館、国立天文台、長浜城歴史博物館、藤井 旭、Aflo（アフロ）、
Bigelow Aerospace、ESA、NASA/GSFC、NASA/JPL、JAXA、PIXTA、STScl

●イラストレーション・図版

黒木 博、三品隆司、柳平和士

●協力

気象庁、国立天文台、国友一貫斎文書、白河天体観測所、月読神社（川崎市）、ISAS、JAXA

●シリーズロゴマーク作成

石倉ヒロユキ

調べる学習百科
月を知る！　NDC446

発行日 2017年7月31日 第1刷発行　72P. 29×22cm
2020年2月29日 第3刷発行

著者 三品隆司
監修 吉川 真
発行者 岩崎弘明
発行所 株式会社岩崎書店 東京都文京区水道1-9-2 〒112-0005
電話 03-3812-9131（営業） 03-3813-5526（編集）
振替 00170-5-96822

印刷・製本 大日本印刷株式会社

装丁・レイアウト 鈴木康彦

Published by IWASAKI Publishing Co., Ltd. Printed in Japan
ISBN978-4-265-08442-5